Handanahally Basavarajaiah Muralidhara
Krishna Venkatesh

Eletrodeposição de zinco: Fundamentos, processamento e aplicações

Handanahally Basavarajaiah Muralidhara
Krishna Venkatesh

Eletrodeposição de zinco: Fundamentos, processamento e aplicações

ScienciaScripts

Imprint

Cover image: www.ingimage.com

This book is a translation from the original published under ISBN 978-3-659-85641-9.

Publisher:
Sciencia Scripts
is a trademark of
Dodo Books Indian Ocean Ltd. and OmniScriptum S.R.L publishing group

120 High Road, East Finchley, London, N2 9ED, United Kingdom
Str. Armeneasca 28/1, office 1, Chisinau MD-2012, Republic of Moldova, Europe
Managing Directors: Ieva Konstantinova, Victoria Ursu
info@omniscriptum.com

Printed at: see last page
ISBN: 978-620-8-61009-8

Índice:

Capítulo 1

Introdução à galvanoplastia

1.1 Importância dos metais

Os materiais metálicos e não metálicos que surgem à custa de uma quantidade substancial de energia criam a base da nossa civilização técnica. Têm um impacto potencialmente significativo na forma do mundo que habitamos. Uma grande variedade de peças, como ferramentas, componentes, subconjuntos, máquinas ou instalações inteiras, é fabricada a partir de uma série de precursores metálicos ou não metálicos, muitas vezes à custa de enormes compensações energéticas. Parâmetros como factores externos e condições de funcionamento tornam-se determinantes para a redução do desempenho destes materiais durante o seu tempo de vida. As interações ambientais são importantes, uma vez que podem fazer com que a superfície perca a sua funcionalidade ao serem atacadas química ou electroquimicamente. No cenário mais pessimista, isto pode provocar uma rutura cataclísmica, perigosa tanto para as pessoas como para a natureza. Na maior parte das vezes, os materiais são continuamente empurrados para os pontos de rutura das suas propriedades. Quer seja para poupar peso ou para poupar nos custos dos materiais, existe uma pressão incessante para que os segmentos sejam dimensionados ao mínimo. Quase se pode dizer que, sem medidas de compensação, este é um procedimento que acabará por desapontar a peça ou o conjunto a que se refere.

A superfície de um material ou peça pode ser considerada como o local mais vulnerável a diferentes tipos de ataques, principalmente devido à sua estrutura atómica. Os ataques podem ser individuais ou combinados. Podem manifestar-se sob a forma de uma tensão ou de um impacto ou, eventualmente, de uma irregularidade na superfície.

À medida que os materiais brutos se tornam mais escassos, é importante utilizá-los tão eficazmente quanto possível. Entretanto, é sensato esperar que as futuras limitações à utilização de vitalidade venham a reforçar a necessidade de utilizar os materiais da forma mais económica possível.

O reconhecimento de que se pode proteger uma superfície das agressões ambientais, através da utilização de revestimentos orgânicos, inorgânicos ou metálicos, ampliando assim a vida útil da superfície, bem como de todo o segmento ou equipamento, foi um dos verdadeiros avanços no crescimento da tecnologia de sempre [1]. As sugestões, ao permitirem a utilização de materiais de menor dimensão ou mais baratos, combinadas com a poupança de energia associada, têm resultados financeiros consideráveis e sublinham a enorme importância económica do edifício de superfície.

Os processos de revestimento apresentados no Quadro 1.1 servem para ilustrar a diversidade de processos disponíveis e economicamente importantes que estão comercialmente disponíveis e que podem ser utilizados para proteger a funcionalidade da superfície e, assim, prolongar a vida útil do componente ou equipamento em questão.

Os procedimentos de revestimento indicados na Tabela 1.1 servem para mostrar as várias qualidades acessíveis e procedimentos monetariamente vitais que são economicamente acessíveis e podem ser utilizados para garantir a utilidade da superfície, desenvolvendo assim a vida útil do componente ou equipamento a que se refere [2, 3].

Quadro 1.1 Processos de revestimento utilizados para proteger superfícies funcionais

Processo	*Variantes do processo*
Evaporação	Deposição de vapor químico (CVD) Deposição física de vapor (PVD) Sputtering
Processos de metal quente	Revestimento de soldadura Galvanização por imersão a quente Revestimento por rolo
Pintura	Aplicação de revestimentos inorgânicos Aplicação de revestimentos orgânicos Aplicação de revestimentos de baixo atrito

Pulverização térmica	Pulverização por plasma à pressão atmosférica Pulverização de plasma a baixa pressão Pulverização por chama
Metalização	Revestimentos metálicos sem eletrólise Metal galvanizado

Das técnicas de revestimento acima mencionadas, a metalização de superfícies tem um significado único. Aqui é depositada uma camada metálica protetora na superfície do componente. Na maior parte das vezes, este processo é efectuado em meio aquoso. O sistema eletroquímico, também designado por galvanoplastia, é utilizado para o revestimento de substratos metálicos ou de outros substratos condutores de eletricidade.

1.2 Fundamentos da galvanoplastia

Nas últimas décadas, a galvanoplastia deixou de ser uma arte para se tornar uma ciência definitiva. Esta melhoria é vista como responsável pelo número em constante expansão e pelo aumento dos tipos de utilização deste ramo da ciência e tecnologia práticas. Uma percentagem das regiões inovadoras em que os meios e as técnicas de galvanoplastia constituem um segmento-chave são todas as partes da eletrónica: macro ou microescala, ótica, optogadgets e sensores da maioria dos tipos, para dar alguns exemplos [4-11].

O revestimento metálico pode ser introduzido num artigo colocando uma carga negativa no artigo a revestir e mergulhando-o numa solução que contém um sal do metal a revestir. No final do dia, o artigo a ser revestido é transformado no cátodo de uma célula electrolítica. Os iões metálicos do sal possuem uma carga positiva e são, assim, puxados para o artigo. Quando se aproximam da superfície, que está carregada negativamente, oferecem electrões para reduzir os iões carregados positivamente a metais.

A galvanoplastia de metais e compostos continua normalmente por oxidação ou redução de espécies numa solução. O potencial de elétrodo padrão de um processo de deposição eletroquímica é o potencial em que a taxa das reacções de redução e de oxidação são iguais em condições normais, como o peso e a temperatura. A equação de Nerst estabelece uma relação entre o potencial de elétrodo padrão E^0 e o potencial de elétrodo E:

$$E = E^0 + RT\frac{RT}{nF}\ln\frac{[ox]}{[red]}$$

em que "R" representa a constante padrão dos gases (8,3145 $JK^{-1}mol^{-1}$), "T" é a temperatura absoluta em Kelvin, "n" é o número de electrões transferidos e "F" é a constante de Faraday (96485,309 C $mol^{-1)}$.

De acordo com a lei de Faraday da eletrólise, a massa depositada no elétrodo de trabalho durante a reação de eletrólise é proporcional ao número de moles de electrões transferidos, como indicado por

$$m = \frac{QM}{nF}$$

em que "m" representa a massa do material depositado no elétrodo (em gramas) e Q é a carga eléctrica total (em coulombs) necessária para o processo.

A eletrólise de espécies pode ser realizada utilizando uma corrente consistente constrangida através da célula eletroquímica, enquanto o potencial elétrico é regulado. Por outro lado, pode ser escolhido um potencial adequado, que é depois monitorizado pelo instrumento, enquanto a corrente necessária utilizada para manter esse potencial é monitorizada.

O potencial do elétrodo está diretamente relacionado com a mudança de energia do processo do elétrodo através da relação: $\Delta G^0 = -nFE^0$. No momento em que o potencial do elétrodo se torna mais negativo em relação a

o potencial de redução padrão para uma reação eletroquímica, a corrente de redução aumenta devido ao facto de a taxa de troca de electrões da redução aumentar. Na região de potencial dominada pela transferência de electrões, existe uma relação linear entre o potencial e o logaritmo da corrente de deposição, conhecida como linearidade de Tafel. No entanto, a corrente pode ser igualmente limitada por diferentes elementos, por exemplo, a troca de massa, as etapas químicas e as vias de cristalização.

1.3 Mecanismo de deposição

Em geral, a reação de redução, dada por $M^{n+} + ne \rightarrow M$ (em que M é o metal e n é a sua valência), tem lugar no cátodo. Por vezes, o processo de metalização é acompanhado pela evolução do hidrogénio.

$2H^+ + 2e \rightarrow H_2\uparrow$

A reação de oxidação líquida no ânodo de uma célula de revestimento é determinada pela solubilidade do ânodo. Se for solúvel, a reação anódica será

$M_1 \rightarrow M_1^{n+} + ne$

Se o ânodo for insolúvel, ocorre a evolução do oxigénio

$2H_2O \rightarrow O_2 + 4H^+ + 4e$

O banho de galvanoplastia é constituído por três regiões ou domínios: (i) a interface cátodo-eletrólito, (ii) a interface ânodo-eletrólito e (iii) o eletrólito. Cada um destes domínios está ligado a um potencial quando a corrente está a fluir. A queda de potencial no eletrólito será nula na ausência de corrente. No entanto, existirá um potencial na interface elétrodo-eletrólito. Uma fem (V_0) será estabelecida sob esta condição

V0 = Tensão de circuito aberto = EA - EC

em que "EA" e "EC" são os potenciais de circuito aberto do ânodo e do cátodo, respetivamente. Estes potenciais são determinados com a utilização de um elétrodo de referência de hidrogénio normalizado. A equação de Nernst dá a definição teórica destes potenciais, tal como descrito por [12]. Por exemplo, durante a deposição de metal no cátodo, o potencial do elétrodo assume a forma

$$E = E_0 + \frac{2.303RT}{nF} \log C_M^{n+}$$

em que "E_0" é o potencial padrão da reação de redução e "*CMM*" é a "concentração de iões metálicos no eletrólito a granel".

O potencial do elétrodo com uma densidade de corrente significativa, em torno do qual ocorre a deposição do metal no substrato, é importante do ponto de vista do galvanizador. As três regiões do banho de galvanoplastia oferecem uma resistência caraterística ao fluxo de corrente. A resistência oferecida pelo eletrólito é influenciada pela área do elétrodo (A), pela distância entre eléctrodos (l) e pela natureza e composição do banho de galvanização.

A resistência do eletrólito (R) é dada por $R = \frac{l}{\sigma A}$ onde "a" representa a condutância específica do eletrólito. As interfaces elétrodo-eletrólito comportam-se como resistências lineares e a resistência oferecida por elas é uma função da intensidade da corrente que passa através das interfaces. Para que a corrente passe, tem de ser fornecido um potencial adicional nos eléctrodos. O excesso de potencial (E), que é aplicado acima do potencial de equilíbrio (E_0) do elétrodo, é designado por "sobrepotencial (sobretensão ou polarização)". É dado pela

$\eta = E - E_0$

Se definirmos o potencial de deposição ou o potencial de decomposição, "ED", como o potencial catódico ao qual ocorre a deposição de metal com uma densidade de corrente de 1 $mAcm^{-2}{}_{(,)}$, torna-se pertinente aplicar um sobrepotencial "^" para facilitar o processo. Assim, ED = EC + η em que "EC" é o potencial do elétrodo de circuito aberto do cátodo.

As taxas a que os iões metálicos são trocados através da dupla camada, da solução para o metal e vice-versa, são determinadas por dois parâmetros: a cinética do processo e a ativação realizada através de uma parte do potencial de polarização total (ativação ou polarização química). Como resultado, as películas de material na superfície do elétrodo exercem resistência ao fluxo de corrente. O potencial associado à queda de IR no filme é definido como "sobrepotencial óhmico", que não deve ser confundido com o potencial equivalente à queda de IR na solução (polarização por resistência). A variação total de potencial necessária para manter um fluxo de corrente constante através da célula electrolítica é igual à soma dos três potenciais de polarização em cada elétrodo e do potencial relacionado com a queda de infravermelhos através da solução, como se mostra na equação seguinte

$$E - E_0 = \eta = \eta_{conc} + \eta_{activation} + \eta_{ohmic} + IR_{bath}$$

Os iões metálicos, depois de atingirem a dupla camada, são inseridos nas redes em desenvolvimento do metal catódico. O mecanismo envolvido nesta redução de iões metálicos compreende uma série de etapas sucessivas [13]. Cada etapa é significativa porque a energia necessária é menor do que a necessária para o processo completo.

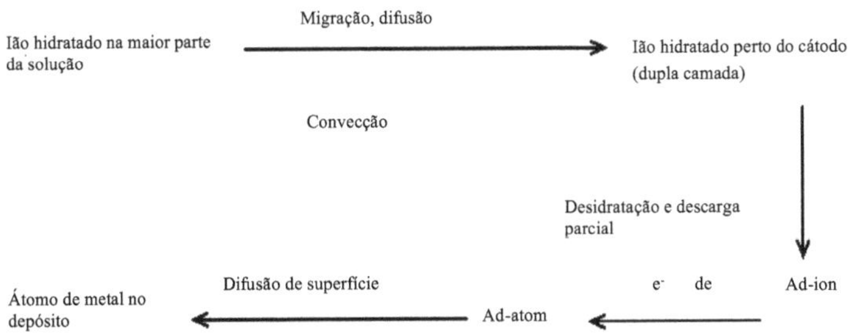

As diferentes etapas do processo de eletrodeposição podem ser representadas graficamente da seguinte forma; O mecanismo responsável pela formação do electrodepósito é designado por "elctrocristalização".
Um ião metálico começa por reagir com a superfície do cátodo num ponto da área plana dos cristais em desenvolvimento, onde é capturado como uma entidade de transição entre o estado iónico observado em solução e o existente na rede metálica. Mantém alguma da carga do estado anterior, bem como alguns ligandos, tipicamente água [1416]. Sucessivamente, ocorre a difusão superficial de iões ad-ion para um local de crescimento, onde são incorporados na rede em crescimento. Assim, inicialmente ocorre um crescimento horizontal da rede, produzindo uma camada de um átomo de espessura, mas, a dada altura, o crescimento lateral é perturbado e uma nova camada é construída sobre a primeira. Subsequentemente, forma-se um cristalino ou grão.
Na interface, o ião metálico está ligado por coordenação a um certo número de ligandos, que apresentam um conjunto completo de funções de ligação. Para estabelecer a coordenação ou a sobreposição com uma função de ligação ou uma orbital eletrónica de um ião na superfície da rede catódica, é necessário tornar acessível uma orbital do ião depositante. Isto pode ser conseguido descarregando um dos seus ligandos, criando assim uma orbital vazia, ou aumentando o número de coordenação do ligando do ião para construir uma orbital adicional. Ambos os métodos incluem a distorção da esfera de coordenação, que requer energia, demonstrando uma parte importante da energia de ativação. Estes procedimentos de ativação foram reconhecidos nas interações químicas entre iões, que envolvem a transferência de ligandos [17]. Se um ião a depositar tiver de ser adsorvido numa fase de crescimento (borda de uma camada de crescimento no cristal ou, numa dobra ou vacância no mesmo), a esfera de coordenação teria de ser distorcida ao extremo, e mais ligandos seriam libertados; para se conformar a estes sítios, o ião teria de fornecer mais orbitais vagos para se ligar aos iões vizinhos; o número de coordenação do metal seria 5, 6 ou 9, respetivamente, enquanto que num sítio plano é apenas 3. Uma vez que seria necessária uma maior energia de ativação, a sorção inicial na zona plana é muito mais prática [18]. A estrutura do cristal em desenvolvimento tem também de disponibilizar orbitais para coordenar com o ião que entra. Uma vez que a adsorção ocorre, o ião ad participa na ressonância metálica da estrutura na medida permitida pela ligação de adsorção; isto resulta na neutralização parcial da carga iónica, embora dificilmente seja tanto como uma unidade de carga. A maioria dos iões metálicos é depositada a partir de um estado bivalente, mas foi demonstrado que a troca de dois electrões com o ião ad-ion numa única etapa exigiria uma energia de ativação superior à disponível [14].
Após o processo de adsorção, o ião ad move-se sobre a superfície em direção a um local de crescimento, que pode ser um degrau de crescimento ou uma dobra, onde ocorre um maior desprendimento de ligandos porque o ião ad entra num local vazio e cria ligações metálicas adicionais com iões vizinhos [19, 14]. O último dos ligandos pode não ser desligado até que o ião seja coberto por todos os lados por átomos metálicos e se torne parte da rede; também nesse caso se diz que está totalmente libertado, uma vez que participa na ressonância com todos os electrões disponíveis. A difusão superficial necessita de energia de ativação, mas este requisito pode ser satisfeito até certo ponto pela descarga de energia de ressonância à medida que novas ligações metálicas são construídas.
A repetição do processo do tipo acima referido espalha uma nova camada de iões horizontalmente sobre a face do cristal. No entanto, todos os banhos, com exceção dos expostos a processos de purificação mais severos, ainda contêm algumas impurezas fortemente adsorvidas na superfície do cátodo. Quando a camada em desenvolvimento se depara com esse material adsorvido, o crescimento pode ser impedido, o que exigirá a formação de uma nova camada [20]. O aparecimento de núcleos bidimensionais numa face de cristal é percetível, mas as camadas recém-crescidas podem emergir de caraterísticas superficiais como pirâmides,

pirâmides truncadas, degraus produzidos pela evolução de deslocamentos de parafuso ou de outros defeitos [19, 21]. Obviamente, o padrão de desenvolvimento é extremamente afetado pela presença de pequenas concentrações de impurezas, tão baixas como 10-12 M [22]. A natureza e a concentração de impurezas desempenham um papel importante no crescimento da textura de fibra ou da estrutura de grão oriental.

À medida que a espessura dos electrodepósitos aumenta, surgem grandes irregularidades, normalmente como árvores ou nódulos (dendrites) . Os nódulos contêm massas arredondadas e irregulares de metal que sobressaem da superfície. Embora se formem geralmente em torno de uma partícula de uma substância estranha que acabou de se ligar à superfície do cátodo e se incorporou no depósito, o seu aparecimento é inevitável, mesmo em banhos cuidadosamente filtrados. As árvores, ou dendrites, que são angulares e ramificadas, incluem pontos que dispõem de uma geometria favorável para o fornecimento rápido de iões por difusão [14]. Normalmente, os caules e ramos das dendrites estendem-se em direcções cristalográficas de baixo índice. A formação de dendritas é favorecida quando o ião metálico depositado sofre um processo controlado por difusão. Estes crescimentos são inibidos pela utilização de branqueadores e agentes de nivelamento. No entanto, o crescimento de nódulos em muitos banhos afecta negativamente o limite de espessura aceitável do electrodepósito, especialmente em eletrodeposição, electrolavagem e electrorefinação

1.4 Materiais que podem ser galvanizados

A galvanoplastia pode ser realizada quase invariavelmente em substratos metálicos ou não metálicos. Artigos como os aços (ligas ferrosas) ou outros metais não ferrosos representam a primeira categoria, enquanto os plásticos e as cerâmicas representam os não metálicos. A limpeza cuidadosa e o pré-tratamento do substrato dão origem a uma combinação adequada substrato-revestimento. As caraterísticas da superfície dos materiais metálicos e não metálicos devem ser consideradas porque a estrutura atómica dos metais e ligas, bem como a estrutura molecular dos plásticos, influenciam as propriedades de revestimento da amostra.

A eletrodeposição é grandemente regida pela composição do banho, pelo comportamento eletroquímico da solução do banho, pelos mecanismos do processo de redução e pelos parâmetros operacionais como o pH, a densidade da corrente, a temperatura, os materiais do elétrodo, etc.

1.5 Eletrodeposição e electrólitos

A eletrodeposição de metais no acabamento industrial de metais utiliza geralmente electrólitos aquosos e é, por isso, conhecida na indústria de revestimentos como banhos de eletrodeposição ou simplesmente banhos. O componente básico do banho é o sal metálico do metal, essencialmente um ácido ou um alcalino para melhorar a condução. Pode também conter agentes tampão. Podem existir aditivos para promover a eletrodeposição ou equilibrar as propriedades do depósito. A eletrodeposição é auxiliada pela utilização de uma fonte de energia externa ou pela adição de um agente redutor forte que estabelece uma reação anódica e catódica acoplada.

Nas últimas décadas, foram desenvolvidos centenas de banhos de revestimento que permitem a deposição de metais ou ligas. O pH de funcionamento de um banho é uma medida das suas propriedades. Os banhos ácidos, neutros e alcalinos podem ser preparados com valores de pH geralmente < 3, $= 7$ e > 9, respetivamente. As ilustrações destes três banhos são abordadas nas secções seguintes. Em todos os três casos, é melhor evitar as rápidas mudanças de pH durante a eletrodeposição. É por isso que todos os electrólitos de galvanização incluem ácido, álcali ou tampões adicionados.

1.5.1 Electrólitos ácidos

Os electrólitos ácidos envolvem normalmente sais metálicos simples, como sulfatos ou cloretos, e por vezes fosfatos ou sulfamatos. Juntamente com estes, estará presente uma elevada concentração do ácido de origem, para otimizar a condutividade eléctrica até certo ponto e, em parte, para minimizar as alterações de pH. Os sais metálicos decompõem-se nos seus aniões e catiões básicos. Um exemplo habitual é o chamado "banho de sulfato ácido" [23], que tem a seguinte composição Sulfato de zinco (250-300 gL-1), sulfato de sódio (30-50 gL-1) e ácido bórico (30-50 gL-1).

O sal de zinco actua como fonte de iões metálicos. Quando depositado apenas a partir de uma solução básica de sulfato de zinco, formar-se-ão depósitos de zinco musgosos, grosseiramente cristalinos e quebradiços. A adição de tampão assegura um depósito compacto, de grão fino e dúctil. Além disso, o aumento da condutividade do eletrólito permite que o processo seja conduzido a uma tensão mais baixa, causando uma menor queda óhmica na solução. A esta solução de sulfato acidificada, serão adicionados branqueadores e aditivos. Este tipo de eletrólito funciona normalmente no intervalo de temperatura 293-318 K e a densidades de corrente de 1-20 Adm^{-2}.

Outro exemplo de um banho de deposição de ácido é o eletrólito de zinco com elevado teor de cloreto, com os seguintes constituintes Cloreto de zinco (200 gL^{-1}), cloreto de amónio (100 gL-1) e ácido bórico (30-50 gL-1). O pH deste sistema varia de 2,5-4 [24] com o ácido bórico como tampão para obter um pH constante. As

condições de trabalho são 213-343 K e a densidade da corrente de deposição é de 3-10 Adm^{-2}. Existem vários banhos de eletrodeposição que contêm complexos orgânicos ou inorgânicos como fonte de iões metálicos. Assim, o ácido flurobórico $H[BF_4]$ é o constituinte dos electrólitos de fluroborato bem conhecidos, enquanto o ácido hexaflurosilícico $H_2[SiF_6]$ é igualmente o componente básico dos banhos de flurosilicato [1]. Em ambos os casos, o metal está presente na forma catiónica.
Do mesmo modo, existem também complexos de iões metálicos em que o metal tem uma carga aniónica [24]. Estes incluem o ácido crómico hexavalente e os banhos de ouro ácido, dependentes do anião [HCr2O7]- e [Au(CN)2]-, respetivamente.

1.5.2 Electrólitos neutros

Existem sistemas que funcionam na gama dos fracamente ácidos e dos fracamente alcalinos. A sua utilização é limitada devido à sua fraca condutividade. Os banhos neutros de zincagem que funcionam na gama de pH de 7,5-8,8 são, no entanto, considerados de interesse. São constituídos por dois ou mais complexos contendo zinco, que têm de estar numa determinada concentração ratio. Os complexos de cloreto de amónio zincado, de composição Zn[(NH3)2C12] ou Zn[(NH4)2Cl14] e o zinco quelatado com ácido polihidroxicarboxílico constituem essas duas classes. Normalmente são constituídos por [1]: Zn^{2+} (26-52 gL^{-1}), Cl^{-}(105-165 gL^{-1}), agente quelante (45-90 $gL^{-1)}$.
O segundo exemplo de um eletrólito neutro é o utilizado para a metalização com metais preciosos, que inclui sais adicionados para aumentar a sua condutividade. Assim, uma composição caraterística de um banho de ouro neutro (pH 6,8-7,5) pode ser [1]: Ouro (7 $gL^{-1)}$ como dicianoaurato de potássio (I), cobre (7 $gL^{-1)}$ como cianocuprato de potássio (I), di-hidrogenofosfato de sódio (28 gL^{-1}). Este banho é utilizado a 248-258 K com uma densidade de corrente de deposição de 0,5-1 Adm^{-2}.

1.5.3 Electrólitos alcalinos

Esta classe de electrólitos é composta por tipos com e sem cianeto. Em ambos os casos, os electrólitos alcalinos interagem gradualmente com o dióxido de carbono no ar para produzir carbonatos de metais alcalinos ou de outros metais. A taxa de formação de carbonatos pode ser aumentada aumentando o contacto entre o eletrólito e o ar, por exemplo, através de agitação ou de pulverização de ar. O excesso de concentração de carbonatos na solução afecta negativamente a eletrodeposição, pelo que têm de ser removidos, utilizando uma abordagem física ou química.

1.5.4 Electrólitos contendo cianetos

Os electrólitos são designados por "banhos de cianetos" quando incluem quantidades apreciáveis do chamado "cianeto livre", ou seja, mais de KCN ou NaCN simples. Este decompõe-se em solução para formar os iões constituintes. É essencial que essas soluções sejam sempre mantidas alcalinas, pois, se assim não for, o HCN, o ácido cianídrico tóxico, será produzido e libertado sob a forma gasosa (também designado por "gás de ácido prússico"). No entanto, os acidentes devidos a este facto são muito raros. Apesar disso, as empresas de acabamento de metais estão a ser continuamente pressionadas para substituir os processos à base de cianeto por outros sem espécies de cianeto.
O cianeto de cobre(I), CuCN, que serve como fonte do metal, é insolúvel em água, mas pode ser tornado solúvel através da adição de um cianeto de metal alcalino (NaCN ou KCN). Isto resulta na formação de um complexo de cianeto, como:

$$CuCN + 2NaCN \rightarrow Na_2[Cu(CN)_3]$$

$$CuCN + 2KCN \rightarrow K_2[Cu(CN)_3]$$

O sal complexo de sódio (ou potássio) tricianocuprato(I) decompõe-se como

$$Na_2[Cu(CN)_3] \rightarrow 2Na^- + [Cu(CN)_3]^- \rightarrow 2Na^+ + Cu^+ + 3(CN)^-$$

$$K_2[Cu(CN)_3] \rightarrow 2K^- + [Cu(CN)_3]^- \rightarrow 2K^- + Cu^- + 3(CN)^-$$

É necessária uma quantidade substancial de "cianeto livre" (sob a forma de sal de sódio ou de potássio) e de álcali livre para assegurar o bom funcionamento e a operação benigna deste sistema, não só para provocar a dissolução do cianeto de cobre, mas também pelas seguintes razões

(a) Verifica-se uma degradação gradual dos cianetos, quer por oxidação anódica, quer por oxidação homogénea ou heterogénea (catalisada) pelo ar. O álcali é removido como descrito acima através da reação de formação de carbonato.

(b) Quando o teor de cianeto livre necessário para dissolver o sal de cobre é inadequado, os ânodos ficam cobertos com o cianeto metálico insolúvel, a taxa de solubilização é diminuída levando à depleção de iões de cobre do eletrólito. Nos casos em que ocorre uma redução efectiva da área do ânodo, a densidade da corrente aumenta, resultando em polarização ou pode ocorrer passivação.

(c) Quando a concentração de cianeto em solução é desprezível, o cobre metalizado apresenta-se sob a forma de pó, em vez de ser uma camada densa e aderente.

Normalmente, um eletrólito de cianeto de cobre (tipo de baixo teor de cobre) contém a seguinte composição Cianeto de cobre(I) (25 gL^{-1}), cianeto de sódio (30 gL^{-1}), sulfito de sódio (3 gL^{-1}), carbonato de sódio (6 gL^{-1}). Este banho é funcional a pH 12, a uma temperatura de 293-303 K e a uma densidade de corrente de 2-2,5 Adm^{-2}. Certas caraterísticas deste eletrólito favorecem a cobreação de subcamadas em peças fundidas de zinco.

Um eletrólito de cianeto de cobre (tipo cobre elevado) é constituído pela seguinte composição Tricianocuprato de potássio (270 gL^{-1}), Cianeto de sódio (10-30 gL^{-1}), Cianeto de potássio (10 $gL^{-1)}$, Sulfito de sódio (5 gL^{-1}), Hidróxido de sódio (5 $gL^{-1)}$ [1]. Mesmo este eletrólito funciona a um pH 12, a uma temperatura de 338 K e a uma densidade de corrente de 1,5-4 Adm^{-2}, e é composto por branqueadores e aditivos.

É prática geral adicionar cerca de 25-30 gL^{-1} de carbonato de sódio, para aumentar a estabilidade do banho. A adição de quantidades vestigiais de sulfuretos assegura a sua precipitação como sulfureto metálico altamente insolúvel, quaisquer impurezas metálicas.

Ao utilizar soluções de cianeto de zinco, é importante manter constante a concentração de iões de zinco, bem como a relação entre NaCN e NaOH e a concentração de iões de zinco, para obter uma distribuição uniforme da espessura. Regra geral, os plaqueadores utilizam os chamados "factores M", que são descritos a seguir:

$$M_{CN} = \frac{NaOH}{Zn}$$

$$M_{OH} = \frac{NaOH}{Zn}$$

Estes factores M são importantes para encontrar a solução de compromisso entre a densidade de corrente utilizável mais elevada e a potência de lançamento ideal. Assim, um fator MCN elevado, ou seja, um teor elevado de NaCN, significa uma densidade de corrente utilizável mais baixa, mas uma boa potência de projeção. Um fator MCN elevado é preferível para a zincagem de componentes com geometrias complicadas ou perfis pronunciados, ao passo que um fator Moll elevado, ou seja, uma concentração elevada de NaOH, é desejável quando se pretendem taxas de deposição elevadas, mesmo à custa do poder de incrustação [1].

1.5.5 Electrólitos alcalinos não cianetados

Existe uma vasta gama de banhos de zinco que pertencem à categoria dos electrólitos alcalinos não cianetados, utilizados para a galvanização de pequenas peças em cremalheira ou em barril. As composições normais para tais composições consistem em : 12-14 gL^{-1} de zinco e 120-160 gL^{-1} de NaOH, ou 11-13 gL^{-1} de zinco e 110-150 gL^{-1} de NaOH. A proporção óptima de NaOH para o zinco é de 8-10. À medida que as concentrações de zinco e NaOH aumentam, a eficiência da corrente aumenta, desde que os outros parâmetros sejam mantidos constantes. Estes electrólitos alcalinos de zinco sem cianeto têm uma estabilidade inferior à dos electrólitos que contêm cianeto, mas ainda assim produzem uma distribuição uniforme da espessura. Este tipo de sistemas funciona basicamente a 288-308 K com uma densidade de corrente de deposição de 0,5-6 Adm^{-2}.

1.6 Aditivos de banho e parâmetros de funcionamento

Os banhos de galvanoplastia incluem normalmente várias outras espécies para além dos sais metálicos. Podem ser adicionados sais inorgânicos e orgânicos para obter uma maior condutividade do eletrólito. Podem ainda ser adicionadas outras espécies orgânicas ou inorgânicas para melhorar a estabilidade do banho, ou para melhorar o nivelamento ou a distribuição do metal, ou para obter propriedades químicas, físicas ou tecnológicas optimizadas (resistência à corrosão, brilho ou refletividade, dureza, resistência mecânica, ductilidade, tensão interna, resistência ao desgaste ou soldabilidade) do metal a depositar.

1.6.1 Agentes branqueadores

O acabamento de metais é uma técnica utilizada com o objetivo de produzir superfícies altamente brilhantes, de importância decorativa e funcional. O brilho ou refletividade é uma propriedade de uma superfície exibida em virtude da reflexão da luz incidente sobre a mesma. A rugosidade e as irregularidades da superfície afectam negativamente a boa reflexão. Diz-se que uma superfície é reflectora quando é caracterizada por um tamanho de cristalito na superfície inferior a 0,3 pm^2. Os depósitos altamente reflectores são observados para a utilização de depósitos de grão fino. Isto pode ser conseguido quando são incorporados compostos metálicos ou orgânicos chamados "branqueadores". A escolha dos branqueadores adequados é efectuada com base em métodos de tentativa e erro, uma vez que não existem meios adequados para prever os seus efeitos. São classificados como agentes de branqueamento e aditivos de branqueamento [1, 25].

Os agentes branqueadores, também designados por "branqueadores primários" ou "branqueadores de classe I", quando adicionados, provocam uma ação notável de refinação do grão no metal depositado. A sua adição apenas aumenta o brilho do metal e não lhe confere um acabamento espelhado ou algo próximo disso. Os branqueadores mais conhecidos desta classe são: Sulfonamidas, sulfonimidas, ácidos benzenossulfónicos (ácidos mono, di ou trissulfónicos), ácidos naftalenossulfónicos (ácidos mono, di ou trissulfónicos), ácidos alquilsulfónicos, ácidos sulfínicos, sulfonatos de arilsulfona, etc.

Os branqueadores de classe I fazem parte integrante de um sistema de branqueamento completo porque aumentam a eficácia dos branqueadores de classe II ou secundários. Os branqueadores de classe II, que na maior parte das vezes estão presentes juntamente com os branqueadores primários, induzem um acabamento quase espelhado no metal depositado, mesmo quando se encontram em concentrações vestigiais. Exemplos desta classe de branqueadores são: Tioureia, aciltioureia, ácido mercaptoalquissulfónico, bis-(sulfoalquil)-dissulfureto, amida de ácido tiocarboxílico, tiocarbazona, tiossemicarbazona, tiohidantoína, etc.

A utilização de branqueadores da classe II é limitada devido aos potenciais efeitos antitéticos que lhes estão associados. Estes podem afetar negativamente o processo ou as propriedades do depósito. Para ultrapassar estes efeitos adversos, os branqueadores secundários são normalmente combinados com um branqueador primário para obter compatibilidade e sinergia de ambos.

Deve ser escolhida uma gama de funcionamento adequada em termos de temperatura e densidade de corrente, de modo a obter depósitos brilhantes dos electrólitos.

Existem várias teorias propostas para demonstrar a ação abrilhantadora dos aditivos. Sugere-se que o branqueamento é uma consequência do efeito de controlo, e possivelmente devido a uma ação limitadora da taxa, na fase de electrocristalização. Estas teorias apresentam uma ligação com o mecanismo aceite para a deposição de metais, que depende da nucleação e do crescimento numa série de centros. A partir dos núcleos de crescimento podem ser obtidos grãos de diferentes tamanhos e orientações.

A adsorção de aditivos no cátodo durante a metalização desempenha um papel crucial [26]. A deposição de aditivos na superfície do cátodo pode ser favorecida devido à atração eléctrica ou à interação dipolar. Quando o potencial catódico está próximo do potencial de carga zero (pzc), poucos agentes de adição podem ser adsorvidos quimicamente na superfície do cátodo porque os dipolos de água ou iões na superfície do metal são deslocados em grande medida [27, 28]. A adsorção de compostos insaturados é um exemplo de interações de *n-electrões* com átomos da superfície do metal [29]. Estes agentes são semelhantes aos inibidores utilizados para impedir o ataque ao metal quando os óxidos são removidos em imersões ácidas (inibidores de decapagem); ambos os tipos funcionam porque são quimisorvidos [30].

A taxa de deposição pode diminuir devido a vários mecanismos: diminuição da área de superfície disponível para a transferência de electrões, com melhoria sucessiva da densidade de corrente "verdadeira" em relação à densidade de corrente aparente e aumento relativo da polarização; retardamento da difusão superficial de iões ad, que devem ser infundidos na rede em crescimento; ou obstrução das etapas de crescimento que resultam no aumento da concentração de iões ad, no aumento da polarização ou na diminuição da densidade de corrente. Estes mecanismos aumentam a possibilidade de desenvolvimento de novos núcleos de cristal na superfície do metal e impedem o crescimento dos cristalitos existentes, de modo a obter uma estrutura cristalina mais fina. O adsorvente pode também acabar por suprimir as diferenças electrocristalográficas, conduzindo a uma deposição arbitrária [31].

A suscetibilidade global de diferentes metais à inibição da taxa de eletrodeposição pela maioria dos aditivos é aproximadamente proporcional aos seus pontos de fusão, dureza e resistência, que aumenta na ordem: Pb < Sn < Ag < Cd < Zn < Cu < Fe < Ni [32, 33]. Esta ordem dos metais está relacionada com a afinidade crescente dos seus iões para formar complexos e com o aumento da polarização de ativação na eletrodeposição a partir dos seus iões "simples" (aquatados). Esta série está na ordem inversa das sobretensões observadas na evolução do hidrogénio nos cátodos metálicos. De facto, um átomo capaz de interagir intensamente com outros átomos do mesmo tipo ou de outros tipos tende a formar uma rede cristalina forte com um ponto de fusão relativamente elevado, a coordenar-se fortemente com ligandos, a decoordenar gradualmente a água e a catalisar a conversão do hidrogénio atómico em molecular.

Os agentes de adição são normalmente consumidos durante o processo de deposição. Podem ser degradados [34] e os produtos assim formados são incorporados na matriz do depósito (por exemplo, enxofre, carbono, ou ambos) [35, 36], ou descarregados de volta para o eletrólito. Na prática, afectam positiva ou negativamente as tensões internas nos depósitos. Na electrorefinação, os colóides, como a cola ou a gelatina, são utilizados para refinar o tamanho do grão e impedir a formação de árvores e nódulos, embora muitos dos mais recentes agentes de adição não sejam coloidais. Quando existe um excesso de agente de adição, os núcleos concentram uma grande quantidade de agente de adição e o depósito torna-se frágil. Este facto explica a necessidade de regular a concentração do agente de refinação de grãos adicionado ao banho.

1.6.2 Agentes de nivelamento

Antes ou depois da eletrodeposição, pode ser necessário efetuar um acabamento mecânico, utilizando etapas de retificação e, em seguida, de polimento, que podem contribuir consideravelmente para o custo global [1], especificamente quando o metal depositado é duro, por exemplo, o crómio duro. Os agentes de nivelamento podem atuar para tratar as superfícies não uniformes que contêm buracos ou riscos e, assim, compensar a má qualidade da superfície resultante do trabalho mecânico.

A capacidade de um eletrólito para exercer uma ação de nivelamento, ou seja, a sua capacidade para criar uma superfície mais lisa em comparação com a sua contraparte original, é designada por "poder de nivelamento" [1]. A ação de nivelamento assegura a deposição de metal de maior espessura na base de um sulco do que no seu bordo exterior. Isto pode ser expresso quantitativamente como:

$$E = \frac{d_t - d}{R_z} \times 100\%$$

Em que "E" é o efeito de nivelamento, "d_t" é a espessura do depósito à profundidade da ranhura, "d" é a espessura total do depósito e R_z a rugosidade do substrato.

medida que a espessura do depósito aumenta, o efeito de nivelamento aumenta, de modo que, após algum tempo, os vales e os picos são efetivamente preenchidos. Um efeito de nivelamento negativo é descrito como um fenómeno em que menos metal é depositado na base de uma ranhura do que nas superfícies exteriores, o que implica que a eletrodeposição aumenta a rugosidade da superfície. Este efeito é evidente com alguns electrólitos de cianeto.

1.7 Tensioactivos (agentes molhantes)

Os banhos de revestimento são normalmente compostos por determinados agentes molhantes, também conhecidos como tensioactivos. Estes são caracterizados pela sua assimetria e natureza dipolar. Possuem uma cabeça hidrofílica (que adora água) e uma cauda hidrofóbica (repelente de água). Os tensioactivos podem ser aniónicos, catiónicos ou não iónicos com base na carga presente na extremidade hidrofílica. Os radicais hidrofílicos polares são geralmente grupos $-COO^-$ ou $-SO_3^-$, enquanto a parte hidrofóbica da molécula pode ser um hidrocarboneto alifático não polar de cadeia longa [1]. Os tensioactivos não-iónicos são eles próprios neutros, absorvendo a sua carga dos iões presentes numa solução aquosa [1].

Os agentes molhantes são moléculas activas na superfície, no sentido em que desempenham o seu papel acumulando-se numa superfície ou interface. Perto de uma interface ar-eletrólito, são orientados com a cabeça hidrofílica para a solução, a cauda hidrofóbica para o lado do ar. Desta forma, reduzem a tensão superficial de um líquido.

Um dos melhores exemplos de tais agentes molhantes pode ser visto na cromagem. Durante o processo de cromagem, a deposição de crómio metálico é seguida de uma evolução significativa do hidrogénio no cátodo. Este hidrogénio evoluído, que se apresenta sob a forma de bolhas, desloca-se para a superfície do eletrólito e explode, gerando assim uma névoa de eletrólito de ácido crómico que pode ter implicações perigosas para a saúde e o equipamento. Por isso, são importantes as potenciais instalações de extração de ar. Se for utilizado um tensioativo como o tipo fluorado, que pode sustentar uma oxidação poderosa do ácido crómico, observa-se uma redução da tensão superficial, geralmente de 70 para 20 $mN^{-1}m$, e a magnitude da formação de névoa de ácido crómico diminui [1]. Entretanto, observa-se uma camada de espuma fina e compactada na superfície que contribui para a diminuição das perdas por evaporação do eletrólito.

Os agentes molhantes ou tensioactivos também se formam perto da interface sólido-líquido da peça, submersa no eletrólito. Os grupos hidrofílicos hidratam-se e são atraídos para a fase aquosa, ficando a extremidade hidrofóbica fracamente ligada à superfície de trabalho. Com este grau de ordenamento imposto na interface, a tensão interfacial diminui, ou seja, a superfície de trabalho torna-se mais facilmente molhada pelo eletrólito, com várias vantagens resultantes para o processo de eletrodeposição. Os tensioactivos aniónicos ou não iónicos são frequentemente utilizados no acabamento de metais. A redução da tensão superficial permite a descarga de bolhas de gás ligadas à superfície de trabalho, quer se trate de hidrogénio evoluído catodicamente ou de ar aprisionado. No ponto em que as bolhas se ligam à superfície, a sua ação de proteção resulta em pouca eletrodeposição e pode resultar em pitting ou porosidade do depósito. A incorporação de agentes tensioactivos pode também provocar: a) a dissolução de certos compostos orgânicos insolúveis ou pouco solúveis em água ou a sua dispersão em solução mais uniforme, b) a coagulação e a sedimentação de matérias sólidas em suspensão, como a sujidade em solução, que

c) o crescimento de cristais é suprimido e formam-se depósitos brilhantes e d) a drenagem do eletrólito aderente, ao retirar o trabalho da solução, é enriquecida, as perdas por escoamento são reduzidas.

1.8 Amortecedores

Os sistemas de eletrodeposição funcionam numa janela de pH relativamente estreita, e esta deve ser rigorosamente mantida sempre que não se pretenda alterar o resultado das propriedades do depósito. No entanto, a deposição de metais está quase sempre associada à evolução do hidrogénio e a remoção deste hidrogénio fará com que a solução se torne mais alcalina à medida que os iões de hidrogénio são libertados do sistema. Em alguns casos, os valores redox do ião metálico, ou do complexo que o contém, ou do agente redutor podem ser influenciados pela alteração do pH, afectando assim todo o processo. Tais efeitos são reduzidos ao mínimo através da introdução, na formulação do banho, de um sistema tampão de pH. Estes sistemas tampão funcionam num intervalo de pH estreito e serão normalmente eficazes em cerca de 2 unidades de pH dentro desse intervalo. São geralmente baseados num ácido fraco ou num alcalino fraco e no seu sal metálico e, desde que pelo menos parte de ambas as espécies tampão estejam presentes na solução, evitarão quaisquer excursões acentuadas de pH.

1.9 Sais condutores

A condutividade de uma solução de banho baseia-se na concentração iónica e não nas concentrações globais ou moleculares, uma vez que as moléculas não associadas não conduzem eletricidade. Alguns compostos são colocados na solução para oferecer uma boa condutividade. O ácido sulfúrico é utilizado nos banhos de sulfato para aumentar a condutividade iónica e para evitar a hidrólise e, eventualmente, a precipitação do metal. Pode pensar-se na adição de hidróxido de sódio aos banhos alcalinos cianetados ou não cianetados. Os carbonatos são igualmente utilizados nos banhos de cianeto de cobre, prata e ouro para melhorar a condutividade. O cloreto de sódio, o cloreto de potássio, o cloreto de amónio, o sulfato de sódio, etc., são utilizados como sais condutores em banhos de galvanoplastia de zinco de tipo ácido.

Embora o seu papel não seja evidente, foi sugerido que aumentam a condutividade, funcionam como tampões e aumentam a polarização no cátodo enquanto a minimizam no ânodo. O aumento da condutividade em banhos de prata foi relatado [37], no entanto, o efeito é pequeno em banhos de cobre, para além de evitar a polarização excessiva do ânodo [38].

1.10 Temperatura do banho

A monitorização de uma gama de temperaturas próxima do banho de deposição é um dos requisitos mais importantes para o funcionamento dos processos de galvanoplastia. Controla a taxa de deposição e a estabilidade do banho. Sob condições de trabalho relevantes (por exemplo, componentes de um armazém frio sendo adicionados a um banho quente), as temperaturas do banho podem mudar em vários graus Celsius. O aumento da temperatura provocará uma maior condutividade electrolítica e, como todas as taxas de reação são aceleradas, aumentará a taxa de consumo de aditivos em solução.

1.11 Monitorização dos electrólitos

Ao trabalhar com sistemas de galvanoplastia, devem ser observadas as seguintes regras. Os produtos químicos utilizados nas formulações dos banhos de galvanoplastia devem ter um grau de pureza superior ao normal e, como tal, serão mais caros do que os de qualidade inferior. Este facto deve ser tido em conta como uma parte inerente das despesas do processo. A taxa de deposição para a maioria dos processos de galvanoplastia é bastante mais lenta do que a da reação de eletrodeposição análoga. Isto significa que a espessura do depósito aumenta, quando são aplicados tempos de deposição mais longos. É importante manter as concentrações necessárias de iões metálicos e outras espécies no banho. Ao depositar camadas de elevada espessura, deve haver uma concentração suficiente de iões metálicos no banho para permitir que esse depósito seja gerado sem esgotamento substancial do banho. Após essa deposição, o banho deve ser reabastecido, mas não é aconselhável fazê-lo a meio de um trabalho de deposição. Só se obterá uma qualidade de depósito aceitável quando as concentrações de todas as espécies no sistema estiverem dentro dos intervalos recomendados. Quando tal não acontece e, na verdade, quando as concentrações de subprodutos, como o fosfito, se acumulam acima dos níveis permitidos, não só se formam depósitos pobres, como também pode ocorrer uma deposição contínua de metal ou o eletrólito pode tornar-se inativo. Em ambos os casos, o eletrólito torna-se inútil com consequências financeiramente antitéticas. De um modo geral, a composição de um banho de eletrodeposição varia durante o funcionamento, tornando-se pobre em reagentes, acumulando impurezas e produtos de reação e tudo isto influenciará as propriedades do depósito, normalmente de forma negativa. Por este motivo, é absolutamente fundamental monitorizar a composição do banho, a densidade, o pH e as condições de deposição, como a temperatura.

1.12 Poder de cobertura

O poder de cobertura é definido como o grau em que um eletrólito se pode acumular na superfície de um objeto a revestir, com uma deposição suficientemente uniforme, mesmo nas reentrâncias e cavidades. Sabe-se que a eletrodeposição só começa realmente acima de um determinado potencial de deposição, cujo valor tem origem nas propriedades da superfície e no metal a ser revestido. Para que um banho de galvanoplastia apresente poder de cobertura, deve ser aplicada a chamada densidade de corrente de menor poder de cobertura. A determinação do poder de cobertura é frequentemente efectuada utilizando a célula de Hull, que recebeu o nome do seu inventor americano [DIN 5095].

Quando é aplicada uma tensão através dos eléctrodos, a densidade de corrente resultante varia ao longo do comprimento do cátodo, sendo máxima no ponto que está próximo do ânodo. Desta forma, num único ensaio, pode ser avaliado o impacto da variação da densidade da corrente. Nas densidades de corrente mais elevadas, o depósito pode ficar carbonizado. Nas densidades de corrente mais baixas, pode não ocorrer literalmente nenhuma deposição. Assim, a célula de Hull ajuda a determinar a chamada janela de funcionamento, o intervalo de densidade de corrente acima do qual ocorre uma deposição satisfatória. Diz-se que um eletrólito tem um bom poder de cobertura quando a deposição aceitável de metal se estende até à gama de densidade de corrente mais baixa.

O poder de cobertura é uma medida da energia de nucleação na superfície de trabalho. Os factores que afectam o poder de cobertura são a natureza da superfície do substrato, a sua composição e as condições de funcionamento. O poder de cobertura aumenta normalmente com o aumento da densidade da corrente e diminui com o aumento da temperatura. O poder de cobertura é crítico no caso da cromagem, uma vez que é normalmente fraco para o metal cromado. Só se forma um depósito uniforme quando são utilizadas densidades de corrente elevadas e as densidades totais de corrente podem ser até 100% superiores à densidade real da corrente de deposição de crómio com uma co-evolução abundante de hidrogénio. Tipicamente, as ligas de aço com elevado teor de carbono, bem como o ferro fundido, o alumínio e as suas ligas, necessitam de densidades de corrente relativamente elevadas para atingir o recobrimento, em comparação com o aço não ligado, o cobre e o níquel [1].

1.13 Potência de lançamento

O grau de uniformidade da distribuição do metal no cátodo ou a uniformidade da espessura do depósito adquirida num cátodo de forma irregular é designado por poder de lançamento. Este é também conhecido como poder de macro-lançamento, para o diferenciar do poder de micro-lançamento, que alude à deposição sobre um perfil com irregularidades de natureza minúscula (menos de 0,25 mm de dimensões).

1.13.1 Poder de macro-arremesso

O poder de macro-arremesso é um termo utilizado para explicar a capacidade de um eletrólito depositar um depósito uniformemente espesso na superfície de um objeto. A uniformidade de um depósito depende da potência de projeção. Um bom poder de cobertura é uma caraterística necessária para um bom poder de macro-arremesso.

O poder de macro-arremesso de um eletrólito indica o grau de distribuição da densidade da corrente primária e secundária no sistema.

A distribuição da corrente primária é a consequência da lei de Ohm, sujeita às dimensões e à geometria da configuração espacial ânodo-cátodo e ao perfil do recipiente do eletrólito. Verifica-se uma concentração de linhas de força eléctrica nas arestas, pontos e cantos. O resultado é uma maior densidade de corrente nestes pontos e, muitas vezes, uma deposição mais pesada. Uma resistência mais elevada do eletrólito resulta em efeitos mais acentuados nas arestas, etc.

A distribuição da corrente secundária resulta do comportamento eletroquímico do sistema, principalmente devido à sobretensão no cátodo (polarização). Trata-se de uma sobretensão total e, portanto, inclui os vários tipos de sobretensões que dificultam a taxa de deposição de metal. A sobretensão, ou polarização, é igual à diferença entre o potencial real e o potencial teórico, reversível, em condições de fluxo de corrente. Se a sobretensão for elevada, ocorre uma distribuição mais uniforme do metal e tudo o que contribua para aumentar a sobretensão provocará uma densidade de corrente mais uniforme. Outros factores responsáveis são a composição do eletrólito, a condutividade eléctrica e a agitação do eletrólito, bem como a densidade da corrente de deposição.

1.13.2 Poder de micro-arremesso

É sabido que muitos componentes a serem galvanizados estão longe de ter uma superfície perfeitamente lisa. Assim, o poder de micro-lançamento torna-se importante. Este é o grau em que a metalização ocorre no plano exterior do substrato ou nas profundezas de vales ou fissuras. Em princípio, a eletrodeposição nestes últimos locais é suprimida, na medida em que a entrada do eletrólito da polpa e a distribuição do eletrólito esgotado são inibidas. O poder de micro-lançamento torna-se pertinente em tais situações e é uma manifestação da distribuição da corrente terciária. Se a deposição metálica for escassa nos picos e nos planos exteriores, maior é o poder de micro-lançamento. A ação de microarremesso obtém-se activando favoravelmente as superfícies metálicas nas profundezas das fissuras ou dos vales, garantindo que as espécies que estimulam a eletrodeposição se concentrem aí, ao mesmo tempo que se introduzem agentes supressores para se adsorverem nas superfícies exteriores. É comummente observado que o poder de micro-lançamento é inversamente proporcional ao poder de macro-lançamento. Quando uma é excelente, a outra não o é, e vice-versa.

1.14 Polarização e eletrodeposição

A polarização está ligada à tensão aplicada, que regula a corrente de galvanização e, por conseguinte, as densidades de corrente catódica e anódica. A tensão total essencial para a galvanoplastia contém os seguintes elementos (a) a diferença entre os potenciais reversíveis do ânodo e do cátodo [denominado potencial de reação], (b) a queda de tensão através da solução devido à resistência óhmica, que está relacionada com as formas e posições do ânodo e do cátodo, com a resistência do eletrólito e com a densidade da corrente de trabalho e (c) a soma das polarizações do cátodo e do ânodo. A polarização influencia o poder de lançamento do banho, de tal forma que uma maior variação do potencial catódico com a densidade da corrente conduz a um melhor poder de lançamento. O aumento da polarização catódica tende a produzir depósitos de grão fino. A galvanoplastia de metais como Cu, Zn e Cd a partir de electrólitos de sulfato ocorre com baixa polarização, enquanto a galvanoplastia de Ni a partir de um eletrólito semelhante ocorre com polarização mais elevada. A eletrodeposição a partir de banhos de cianeto apresenta geralmente uma polarização elevada.

Na prática, um plaqueador pode regular eficazmente o processo apenas através da tensão, sem referência à densidade da corrente, se e só se factores como a composição e a temperatura do banho se mantiverem praticamente constantes; de modo a que a queda de tensão, que se deve à resistência óhmica da solução e à polarização do ânodo, seja quase constante ou esteja diretamente relacionada com a tensão total do banho. Em resumo, um plater que monitoriza a tensão do banho deve realmente monitorizar a polarização catódica, que, por sua vez, se encarrega da densidade da corrente catódica e da eficiência da corrente. No entanto, a vantagem de controlar a densidade da corrente é que esta está mais intimamente associada à polarização catódica e não é muito afetada por grandes alterações na forma e no espaçamento dos eléctrodos, como é normalmente o caso.

1.15 Sobretensão de hidrogénio

A sobretensão de hidrogénio é uma observação comum dos electrodepositadores para todas as soluções aquosas que contêm iões H^+ . De facto, não se pode excluir a possibilidade de evolução do gás hidrogénio no cátodo devido à descarga de iões H^+ durante cada deposição a partir de um meio aquoso. A sobretensão do hidrogénio afecta negativamente a eficácia da deposição do metal. A deposição de hidrogénio é de especial interesse na tecnologia de galvanoplastia.

São utilizados numerosos banhos ácidos com pH próximo de 5, para os quais o potencial de hidrogénio é de -0,085V. Para os banhos alcalinos de pH 10, é de -0,38V. Como estes potenciais têm valores positivos sensivelmente mais elevados do que os potenciais de redução dos metais comuns nestas soluções, é quase impossível que ocorra a deposição de metais a partir de banhos aquosos. A sobretensão do hidrogénio está fortemente relacionada com a natureza da superfície do cátodo. Com o zinco, o estanho e o chumbo, por exemplo, é visivelmente superior a 1,0 V, dependendo da densidade da corrente. Com outros metais, é em menor grau. O valor mínimo encontra-se na platina; no negro de platina, que possui uma superfície específica muito elevada, é mesmo insignificante a densidades de corrente muito baixas.

A presença de impurezas adsorvidas na superfície do cátodo provoca mais frequentemente, mas nem sempre, uma maior sobretensão do hidrogénio. Nas soluções de cianeto de zinco ou de cobre, o potencial de libertação do hidrogénio é próximo do potencial de deposição do metal, pelo que os rendimentos de corrente são baixos. Nos cátodos de ferro fundido, as zonas de grafite, que implicam uma baixa sobretensão de hidrogénio, podem utilizar toda a corrente para gerar hidrogénio e não é depositado qualquer metal.

O hidrogénio é co-depositado em pequenas concentrações juntamente com muitos metais. Uma vez que o hidrogénio é descarregado pela primeira vez no estado atómico, é rapidamente adsorvido pelo metal de base. Os aços são mais ou menos vulneráveis aos efeitos do hidrogénio adsorvido, causando a fragilização por hidrogénio e a permeação na rede. A natureza da fragilização não está claramente definida, mas, pelo menos até certo ponto, é a consequência da interferência dos átomos de hidrogénio com o fluxo normal ou o deslizamento dos planos da rede sob tensão. Se surgirem espaços vazios microscópicos no metal de base, o hidrogénio pode acumular-se sob a forma molecular a pressões que ultrapassam a resistência à tração do metal e criar bolhas no seu interior. A fragilização por hidrogénio é sobretudo observada na galvanização a partir de banhos de cianeto; os impactos dos banhos de ácido são normalmente menos pronunciados.

O papel dos iões cianeto na fragilização por hidrogénio do aço tem merecido bastante atenção [39]. O hidrogénio produzido por reação com os ácidos utilizados nas etapas de condicionamento é a fonte da maior parte da fragilização; não tem oportunidade de sair do metal antes da aplicação do revestimento.

Os revestimentos galvanizados com zinco ou cádmio são moderadamente resistentes ao hidrogénio e isolam o metal de base. O aquecimento das peças galvanizadas dá geralmente uma solução, pelo menos parcial, para o problema. O problema é complexo e inclui provavelmente uma série de mecanismos [40-44].

1.16 Relação entre a sobretensão do hidrogénio e a deposição de metal

A sobretensão de hidrogénio é a única razão pela qual se tornou viável a realização da galvanização de vários metais a partir de soluções aquosas. A niquelagem é favorável a um pH de 5,0, uma vez que o potencial de equilíbrio para a evolução do hidrogénio ocorre a -0,30 V e, numa solução alcalina a um pH de 10, é de -0,59 V. Estes valores potenciais são adequadamente mais positivos do que os potenciais de deposição de um certo número de metais, de tal modo que a evolução do hidrogénio permanece como a única possibilidade. Mas devido à ligação entre a sobretensão do hidrogénio e a evolução do hidrogénio, os potenciais resultantes tornam-se satisfatoriamente mais negativos para que o H^+ não seja libertado ou, se o for, apenas em pequena quantidade, desde que a densidade de corrente limite seja excedida.

O potencial de deposição do cobre durante o banho de cobre ácido é de +0,34V. Este é um grande valor positivo. Se for atingido um pH de 1,0 no banho, o potencial reversível para a evolução do hidrogénio será de -0,06V. O potencial de descarga de -0,66V é constituído quando o potencial reversível actua em conjunto com a sobretensão do hidrogénio. A deposição de cobre com 100% de eficiência na gama regular de densidade de corrente pode ser obtida devido à grande diferença entre o potencial de deposição do cobre e do hidrogénio.

Num banho ácido de zinco envolvendo sulfato de zinco 1M e ácido sulfúrico 0,1M, o E0 para o Zn é igual a -0,76V. O pH deste banho é 3,5 e o potencial reversível de descarga de hidrogénio é -0,21V. Em função disto, teoricamente, apenas o hidrogénio deveria descarregar. Felizmente, a existência da sobretensão do hidrogénio vem em auxílio do plater. A sobretensão do hidrogénio no zinco é de -0,72V; assim, o potencial de descarga do hidrogénio será de -0,21V-0,72V = -0,93V, o que torna possível a zincagem com elevada eficiência.

1.17 Distribuição da espessura do depósito e da eficiência da corrente

A distribuição de corrente, encontrada na ausência de polarização, é designada como "primária". Imediatamente após o início da deposição do metal, a existência de polarização altera a distribuição de corrente para o padrão secundário ou atual. A polarização de ativação ocorre instantaneamente e é acompanhada pela polarização de concentração, que aumenta para um valor constante em poucos segundos [45]. Ambos os tipos de polarizações aceleram com o aumento da densidade da corrente e, de facto, resistem à tendência da distribuição primária para suportar o fluxo de corrente em áreas de alta densidade de corrente. A distribuição da corrente secundária é assim geralmente mais uniforme do que a primária; a distribuição do metal é geralmente ainda mais quase uniforme. A distribuição do depósito metálico é fortemente dependente das variações da eficiência da corrente catódica com a densidade da corrente. Em regra, a distribuição do metal é influenciada pela forma e dimensões do objeto, pela geometria do banho, pelas formas das curvas de polarização e de eficiência da corrente e pelas consequências da agitação sobre elas [46].

Os artigos de formas irregulares (artigos com diferentes perfis de superfície e reentrâncias profundas) representam sempre um problema para as chapas industriais, na medida em que é difícil obter um depósito tão uniforme quanto possível. As arestas e as saliências sofrem o impacto de densidades de corrente mais elevadas do que a superfície média, e as cavidades ou reentrâncias. Presume-se que os banhos de galvanoplastia que proporcionam um bom depósito uniforme em tais perfis de superfície possuem um bom poder de projeção. Nos últimos anos, foi efectuada a diferenciação entre, por um lado, o revestimento de pequenas reentrâncias e, por outro, a geração de depósitos uniformes em perfis de grande escala. O termo "poder de macro-lançamento" refere-se à ação sobre os perfis de grande escala. A capacidade de um banho para facilitar a formação de qualquer depósito sobre a superfície do cátodo, incluindo reentrâncias, é designada por poder de cobertura [47, 48]. Quando o poder de lançamento é bom, os plaqueadores obtêm um bom depósito na reentrância sem qualquer queimadura nas projecções. Normalmente, a célula de Haring e Blum é utilizada para examinar o poder de projeção do banho de revestimento. A natureza da polarização é mais importante do que a magnitude atual na decisão da distribuição da corrente (poder de lançamento) durante o processo de metalização. Se a reação de deposição do metal for a única reação catódica que ocorre, a distribuição da espessura do metal depositado é correspondentemente proporcional à densidade da corrente, tal como exigido pela lei de Faraday.

A eficiência da corrente catódica é igual à parte da corrente total que tem um impacto significativo na deposição do metal em causa. A quantidade de corrente que flui, que não é utilizada na deposição do metal, torna-se uma corrente desperdiçada e é útil principalmente na deposição de hidrogénio, um subproduto indesejado do processo de deposição. Para determinar o rendimento da corrente catódica ou anódica, é indispensável calcular com precisão a quantidade de eletricidade que circula no banho de revestimento, com a ajuda de um coulómetro ideal (coulómetro de cobre) ligado em série ao banho. O total de metal depositado (Wg) durante a metalização pode ser calculado teoricamente utilizando a lei de Faraday

$$W = \frac{ItA}{zF}$$

em que "A" é o peso atómico do metal depositado de valência z, "F" é Faraday (96 500 Coulombs), "I" é a corrente (A) e "t" é o tempo (s).

1.18 Efeitos das impurezas na luminosidade

Os efeitos das impurezas nos banhos de cianeto de zinco foram descritos por Brenner e Bair [49]. O cobre, o chumbo, o crómio, o cádmio e algumas impurezas orgânicas no banho de revestimento, mesmo nas concentrações mais pequenas, produzem um fraco brilho do depósito de zinco. As concentrações de cobre, mesmo tão baixas como 0,075 gL^{-1}, produzem depósitos ligeiramente baços. Os depósitos de zinco de banhos contendo impurezas de 0,3 gL^{-1} de cobre escurecem quando imersos numa solução diluída de ácido nítrico (0,25-0,5% em volume). Além disso, o cobre sai por imersão nos ânodos de zinco e agrava o ataque químico dos ânodos pelo eletrólito. A técnica mais adequada para eliminar o cobre consiste em tratar o banho num tanque de reserva com 3 gL^{-1} de pó de zinco de elevada pureza. Após a adição do pó de zinco, o banho é agitado durante 2 a 3 horas e depois decantado ou filtrado para inibir a redissolução do cobre. Pode ser necessário um segundo tratamento com pó de zinco se forem adicionados grandes volumes de cobre.

Os banhos de cianeto de zinco que contêm chumbo ou cádmio numa concentração de cerca de 5 ppm dão origem a depósitos baços. As impurezas podem ser facilmente removidas por precipitação, ou seja, mantendo um excesso de cerca de 0,25 $gL^{(-1)\,de}$ polissulfureto de sódio no banho. O polissulfureto não apresenta qualquer efeito contrário nas caraterísticas de revestimento do banho. O crómio, quando presente em quantidades vestigiais no banho de revestimento, causa embaciamento e formação de bolhas no depósito em áreas de elevada densidade de corrente. O crómio hexavalente pode ser reduzido ao estado não perigoso por reação do banho com 0,01 a 0,1 gL^{-1} de hidrossulfito de sódio.

Os efeitos adversos de alguns tipos de contaminação orgânica que resultam em depósitos baços podem ser superados reagindo os banhos com aproximadamente 0,05 a 0,2 mLL^{-1} de 35% (por volume) de H2O2. O carvão ativado foi escolhido em alguns casos para eliminar a contaminação orgânica e o excesso de abrilhantador. No entanto, a reação com carvão coloca o problema da filtragem de soluções altamente cáusticas.

CAPÍTULO 2

MATERIAIS E MÉTODOS

A galvanoplastia de metais é um processo complexo que engloba vários parâmetros relacionados com a superfície catódica, a superfície anódica, as concentrações dos componentes do banho, a natureza do meio, o pH, a densidade da corrente, a temperatura da solução do banho, a distância ânodo-cátodo, a pureza do ânodo, etc. Assim, há sempre um compromisso nos procedimentos experimentais envolvidos para cobrir todos os aspectos da galvanoplastia de metais. Os procedimentos experimentais exclusivos para uma série de aspectos da galvanoplastia estão disponíveis na literatura [1], incluindo os de Graham [2, 3], Lowenheim [4], N.V. Parthasaradhy [5] e Brenner [6].

Embora não seja possível obter uma reprodutibilidade absoluta na prática, devido a vários factores, a reprodutibilidade num limite de erro razoável é de grande importância. Para obter resultados apreciáveis, é necessário ter um bom conhecimento do tamanho e da forma do cátodo, da natureza do cátodo, da conceção da configuração experimental e da duração do revestimento. As condições de revestimento têm de ser optimizadas, uma vez que as propriedades do depósito são grandemente afectadas pelas condições de revestimento. Para desenvolver e otimizar a solução de banho para metalização, são normalmente utilizadas as três etapas principais seguintes:

I Processo de pré-galvanização,
II Processo de galvanização, e
III Processo de pós-galvanização.

O processo de pré-galvanização inclui a limpeza da superfície do cátodo e a ativação do ânodo. Também consiste na preparação da solução, purificação, ajuste do pH, temperatura, etc. Durante o processo de galvanização, a eletrólise propriamente dita é realizada com corrente ou densidade de corrente conhecidas, pH, temperatura, constituintes do banho, etc. Os valores óptimos de todos estes factores são mantidos para obter um bom depósito. Em última análise, através do processo de pós-tratamento, a qualidade do depósito é alterada para se adequar aos requisitos industriais, adoptando procedimentos normalizados.

Foram tomadas as seguintes medidas para o desenvolvimento e otimização dos banhos de revestimento:

- Condicionamento da superfície antes da galvanoplastia,
- Preparação e limpeza do banho de galvanoplastia,
- Seleção e síntese de branqueadores,
- Medições das células do casco,
- Determinação da tensão de funcionamento, do potencial catódico, da potência de lançamento, da eficiência da corrente

Os métodos utilizados para a caraterização dos electrodepósitos são os seguintes

- Avaliação da porosidade utilizando o método Ferroxyl,
- Ductilidade e aderência utilizando procedimentos de ensaio de flexão,
- Avaliação da espessura do revestimento por secção transversal SEM,
- morfologia da superfície através de investigações SEM,
- Ensaio de resistência à corrosão por projeção salina neutra,
- Estudos de corrosão por voltametria cíclica,
- Inclusão do agente de adição no depósito através de experiências FTIR e EDAX,
- Orientação cristalográfica e tamanho médio das partículas por XRD,
- Tamanho das partículas através de estudos TEM,
- Medições do consumo de abrilhantador e
- Escalonamento até 25 litros de capacidade volumétrica.

2.1 Pré-tratamento dos eléctrodos

O pré-tratamento ou a limpeza da superfície do elétrodo (aço ou ferro) antes do início do processo de galvanoplastia é uma das etapas cruciais do processo de galvanoplastia. A superfície a revestir deve estar limpa. O artigo virgem a ser galvanizado pode conter na sua superfície películas de óxido, incrustações térmicas, sujidade e óleos de oficina, gordura, sujidade, etc. Tudo isto deve ser eliminado para que o electrodepósito se ligue fortemente à superfície do substrato. Este processo é normalmente efectuado em três fases: remoção de gorduras e óleos, descalcificação e lavagem.

2.1A Remoção de gorduras e óleos

Nesta fase, os artigos a serem revestidos foram limpos com vapores de tricloroetileno num recipiente fechado. Este tratamento permite eliminar as gorduras e os óleos presentes na superfície dos objectos.

2.1B Descalcificação e decapagem

A descalcificação primária foi efectuada por polimento mecânico e foi acompanhada de decapagem ácida em ácido sulfúrico a 10% ou em ácido clorídrico a 50% com inibidor de corrosão durante 10 minutos a uma temperatura de 323353 K.

2.1C Imersão brilhante

Nesta fase, o artigo a ser galvanizado foi submerso numa solução contendo uma mistura de ácidos durante um período de tempo que varia entre 1-5 minutos, para fabricar uma superfície brilhante sem manchas. As chapas de aço macio foram mergulhadas numa solução que continha ácido oxálico 25 gL^{-1}, ácido sulfúrico 0,1 mLL^{-1}, peróxido de hidrogénio (30%) 13 mLL^{-1} e a uma temperatura de 298 K.

2.1D Polimento e lustragem

Durante a fase de polimento, algumas camadas de metal na superfície do artigo são removidas por etapas, tratando-as com uma variedade de abrasivos: grosseiros, médios, finos, etc. O objetivo deste procedimento é alisar a superfície do artigo. Por outro lado, na operação de polimento, muito pouco material é descartado e a superfície é enriquecida.

Os painéis de aço macio (AISI 1079, composição C 0,5%, Mn 0,5%, P e S 0,05% e restante Fe) de 2 mm de espessura foram cortados em diferentes tamanhos com base no tipo de medição (célula Hull, potência de lançamento, eficiência de corrente, etc.). Os painéis de aço foram submetidos a um polimento mecânico com papel de esmeril de granulometria variável de 100 a 2000. Utilizaram-se rodas de musselina de vários tipos para polir as placas de aço.

2.1 E Electropolimento

O electropolimento é geralmente efectuado para obter uma superfície muito lisa ou para obter uma superfície lisa e brilhante. Serve também para superar qualquer dano formado durante processos anteriores, tais como retificação, polimento, etc. O electropolimento tem as seguintes vantagens:

i) Depósitos mais suaves com maior resistência à corrosão,
ii) Aderência superior dos depósitos ao substrato.

Placas de aço macio desengorduradas e polidas foram expostas a electropolimento numa solução contendo ácido fosfórico 520 mL, ácido sulfúrico 420 mL, água 300 mL e Teepol 0,25 mL, a uma densidade de corrente anódica 4-6 Adm^{-2}, e a uma temperatura de 298-303 K durante 4-5 minutos com agitação ao ar. Os painéis foram primeiro imersos em álcali (NaOH a 10%) e depois em ácido (HCl a 10%). Sucessivamente, os artigos foram agitados e lavados com água e utilizados para experiências de galvanização. A sequência geral de passos para o pré-tratamento do elétrodo é apresentada no fluxograma 2.1.

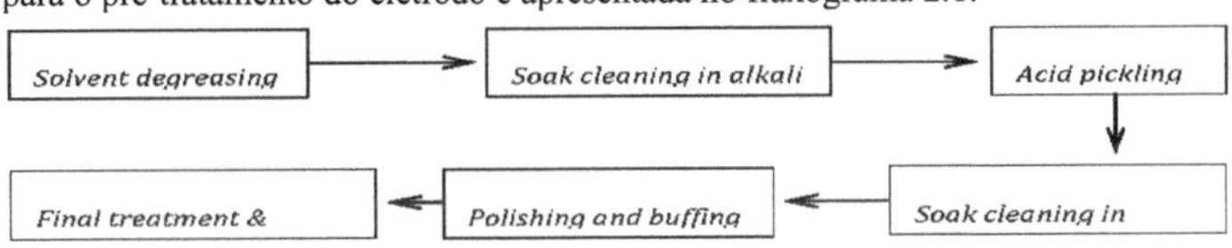

Fluxograma 2.1 Sequência geral das etapas de pré-tratamento do elétrodo

2.2 Preparação e purificação do banho

O banho de galvanoplastia deve ser puro, caso contrário conterá depósitos indesejáveis. Foram utilizados sulfato de zinco e cloreto de zinco de qualidade laboratorial para fazer os banhos de galvanoplastia. Todos os outros produtos químicos utilizados foram: sais condutores - cloreto de sódio, sulfato de sódio e cloreto de amónio, tampão - ácido bórico, tensioactivos - brometo de cetiltrimetil amónio, gelatina e outros compostos orgânicos. Todos os produtos químicos eram de grau AR. Por conseguinte, estes produtos químicos foram utilizados tal como recebidos, sem qualquer purificação adicional.

As soluções de sulfato de zinco e de cloreto de zinco foram postas a reagir com pó de zinco a 323 K durante 24 horas, com agitação ao ar, de modo a remover as impurezas metálicas. As soluções tratadas foram submetidas a uma pré-eletrólise (10V DC) durante 6 horas. Para facilitar a remoção das impurezas orgânicas, as soluções foram tratadas com carvão ativado a 333 K durante 6 horas com agitação constante do ar. As soluções foram filtradas e utilizadas para experiências de galvanização. O teor de zinco das soluções de banho foi determinado utilizando EDTA [7, 8].

2.3 Experiências com células do casco

Qualquer parâmetro que influencie o aspeto do electrodepósito ao longo de um espetro de densidades de corrente pode ser avaliado pelo ensaio de célula de Hull. O ensaio é simples e de execução rápida. Na prática, é necessária uma boa dose de experiência pessoal na interpretação dos dados. O ensaio de célula de Hull é mais frequentemente considerado como um complemento do método de controlo analítico e, em casos frequentes, como o único método de regulação da concentração do agente de adição. É utilizado para controlar

as concentrações dos agentes de adição (branqueadores, agentes de refinação do grão, etc.), para verificar os efeitos das impurezas, para determinar a eficácia do tratamento de purificação efectuado no banho e para chegar a conclusões sobre a influência de qualquer parâmetro no aspeto do depósito.
A célula de Hull padrão com capacidade de 267 ml, feita de material Perspex, foi utilizada para obter uma quantidade óptima de constituintes do banho e de variáveis operacionais. A configuração experimental para o estudo da célula de Hull é apresentada na Figura 2.1.

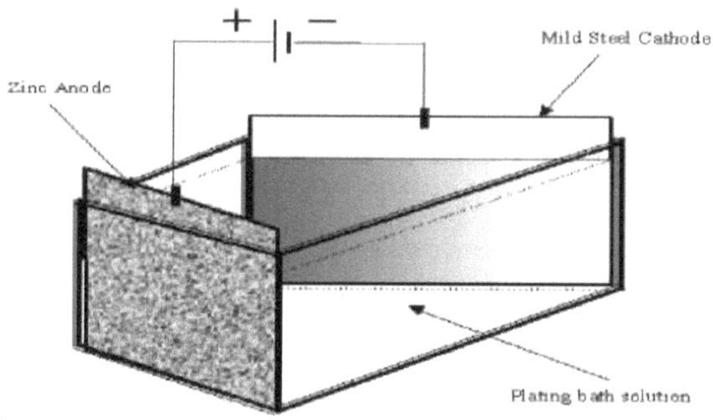

Figura 2.1 Montagem experimental para estudos de células de casco

Foi utilizado um cátodo de aço macio de dimensão 10 cm x 7,5 cm (cobrindo toda a secção transversal da célula) juntamente com um ânodo de zinco (99,99% puro e área de 6 cm x 6,5 cm). O cátodo foi colocado ao longo do lado inclinado da célula (como indicado na Figura 2.1). Após a conclusão do ensaio, o cátodo foi retirado, lavado, seco e examinado visualmente. Foi tida em conta a natureza do depósito em diferentes partes do cátodo. A densidade da corrente num determinado ponto do cátodo foi obtida a partir do gráfico (figura 2.2) ou calculada utilizando a fórmula:

$$I = C\,(5.10 - 5.24)\log L$$

em que "I" é a densidade de corrente em Adm^{-2} num ponto qualquer do cátodo, "C" é a corrente da célula em amperes e "L" é a distância, em centímetros, do ponto da extremidade do cátodo com elevada densidade de corrente ao ponto em que se pretende obter a densidade de corrente. Esta fórmula é válida para uma distância de 0,64-8,35 cm no painel catódico. A variação da densidade de corrente na superfície do cátodo com as correntes da célula é mostrada na Figura 2.2.

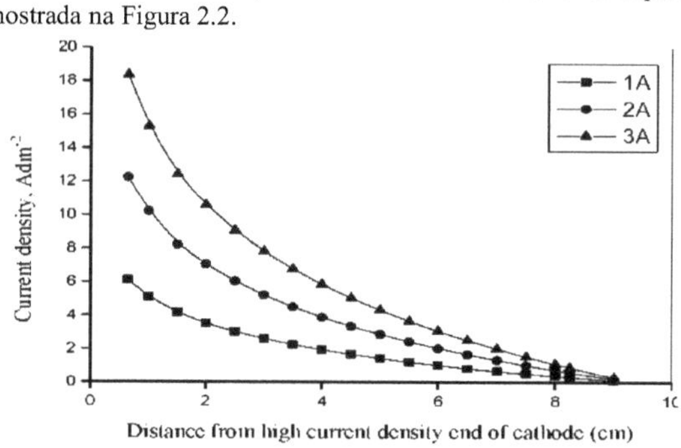

Figura 2.2 Variação da densidade de corrente na superfície do cátodo com a corrente da célula

Foi utilizada uma fonte de alimentação de corrente contínua (CC) de 15 A e 12 V de capacidade como fonte de corrente constante (UNI- INSTA, Universal-Instruments, MFG. CO. PVT. LTD., Bangalore, Índia). A solução de banho foi preparada com sais condutores adequados e outros ingredientes. Durante a experiência, a solução foi agitada continuamente com um borbulhador de ar. A temperatura da solução era de 298 K. Foi utilizada uma solução fresca para cada experiência. Antes da experiência, o ânodo foi mergulhado em ácido clorídrico a 10% durante 30 segundos e lavado com água. A experiência foi realizada durante 5 minutos a uma determinada corrente da célula. Após a experiência, o cátodo foi bem lavado com água, imerso num banho de imersão brilhante (1% HNO_3) durante 2-5 segundos e, finalmente, lavado com água e seco. A sequência do processo de revestimento é apresentada no fluxograma 2.2.

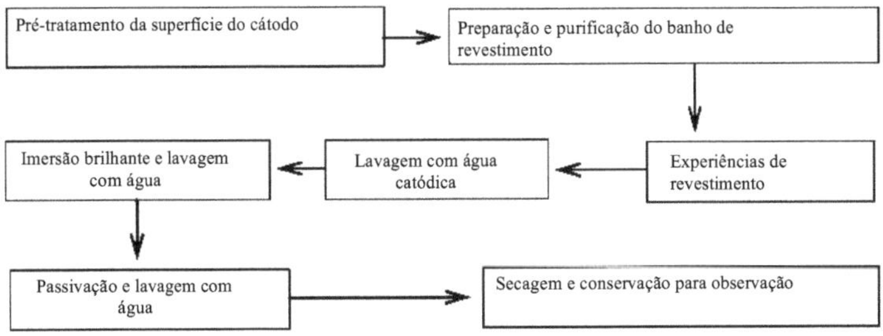

Fluxograma 2.2 A sequência do processo de galvanização

2.3 Instalação experimental para os revestimentos compósitos

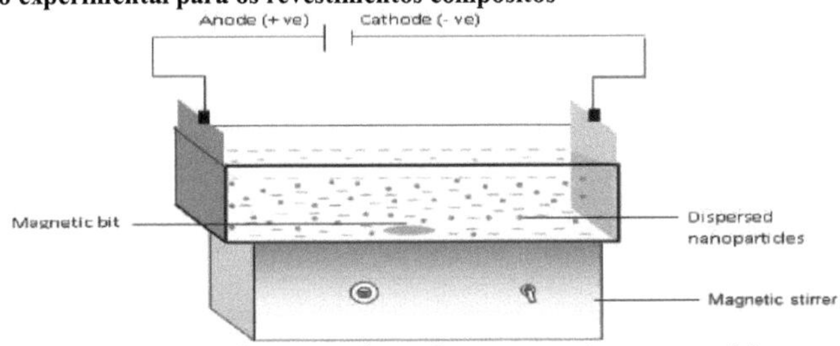

Figura 2.3 Instalação experimental para o revestimento compósito

Após a otimização da composição do banho e das variáveis do banho através de experiências em células Hull, a deposição foi realizada utilizando uma célula de compartimento único com capacidade de 250 mL. Foram utilizadas áreas iguais (4 x 4 cm^2) de cátodo e ânodo para o processo de eletrodeposição. A eletrodeposição foi realizada durante 10 minutos em cada caso sob condições de agitação. A configuração experimental é a mostrada na Figura 2.3.

2.5 Medição da potência de lançamento

A célula de Haring e Blum foi utilizada para calcular a potência de lançamento. Foram tomadas disposições para agitar a solução do banho e também para colocar um ânodo e dois cátodos (Figura 2.3).

A solução do banho foi introduzida na célula. Dois cátodos de aço macio (cada um com 7,5 x 4,8 cm^2) foram mantidos a uma distância de 1:5 de cada lado do ânodo de zinco perfurado (7,5x4,8 cm^2). A corrente contínua foi passada através da célula durante 10 minutos. Após a experiência, os cátodos foram lavados com água, álcool e finalmente secos. Foram determinados os pesos do depósito no cátodo mais próximo (W1) e no cátodo mais afastado (W2).

O poder de lançamento (TP) da solução de banho foi medido utilizando a equação

$$\%TP = \left(\frac{K - M}{K + M - 2} \right) \times 100$$

em que "K" é o rácio da distância ao ânodo dos cátodos mais afastados e mais próximos, respetivamente, e M é o rácio do metal obtido nos cátodos mais próximos e mais afastados.

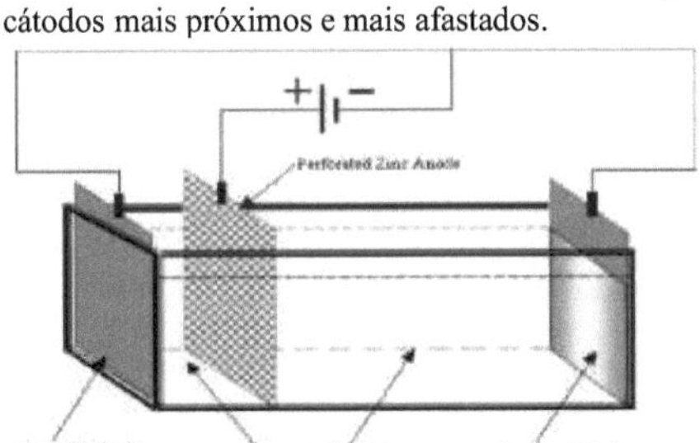

Figura 2.4 Instalação experimental para a medição da potência de lançamento

O poder de lançamento e a polarização da solução de banho foram também determinados a partir do diagrama de polarização da equação de Gardam dada por

$$\% TP = \frac{100}{1 + 2L/N}$$

em que "L" é a distância linear do elétrodo, "m" é o declive da linha de polarização e "p" é a resistividade da solução do banho.

$$N = m/\rho$$

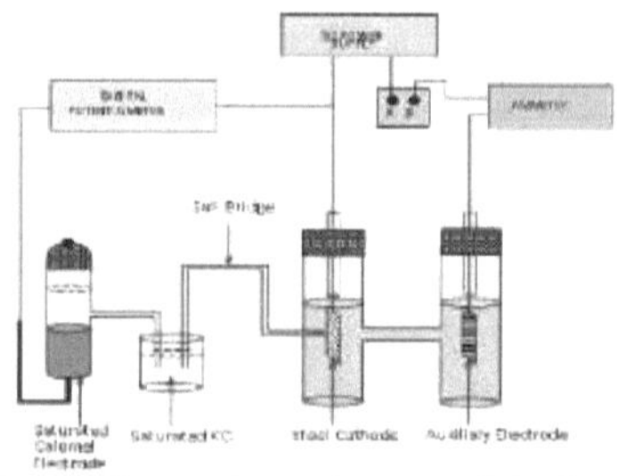

Figura 2.5 Instalação experimental para medição da polarização

2.6 Eficiência da corrente catódica (CCE)

Para avaliar a eficiência da corrente catódica de um determinado processo eletrolítico, é necessário medir com precisão a quantidade de eletricidade que passa através da solução. Isto pode ser feito determinando a corrente com um amperímetro em série e o tempo utilizando um cronómetro calibrado. Caso contrário, pode ser utilizado um amperímetro em série com a cuba de revestimento. Isto é principalmente útil quando ocorrem variações na corrente e é algo exato.

Foi utilizada uma célula retangular para determinar a eficiência da corrente. Foi utilizado um cátodo de aço macio (10 cm x 5 cm) e um ânodo de zinco com as mesmas dimensões. Uma quantidade conhecida de corrente contínua foi passada através da célula durante 10 minutos. Após a experiência, o cátodo foi lavado com água, enxaguado com álcool e finalmente seco. O peso do depósito (W_1) foi determinado. O peso teórico (W_2) foi calculado utilizando a lei de Faraday:

$$W_2 = \frac{ItA}{zF}$$

em que "I" é a corrente (amperes), "t" é o tempo (segundos), "A" é o peso atómico do metal, "z" é a valência e "F" é Faraday (96 500 coulombs). A eficiência da corrente catódica (CCE) foi calculada utilizando a equação

$$\%CCE = \frac{W_1}{W_2} \times 100$$

O peso do depósito de liga foi calculado a partir da diferença entre o peso do cátodo antes e depois do revestimento. A partir deste dado, foram calculados a composição e o peso do metal individual. A percentagem de eficiência da corrente catódica (%CE) da deposição da liga é dada pela equação.

$$\% \text{ CE de deposição da liga} = \frac{W_1}{Q_1 It} + \frac{W_2}{Q_2 It} \times 100$$

A eficiência da corrente catódica da deposição de ligas é igual à soma das eficiências das correntes catódicas separadas dos metais individuais, em que 'W1' e 'W2' são o peso, em gramas, dos metais 1 e 2 no depósito da liga, e 'Q1' e 'Q2' são os equivalentes electroquímicos dos metais 1 e 2 em gramas por coulomb. I é a corrente passada, em amperes, e t é o tempo de fluxo de corrente durante a eletrodeposição, em segundos.

2.7 Estimativa da composição da liga de zinco

Após cada experiência, o depósito de liga galvanizado foi solubilizado num pequeno volume de HCl 1:3, até 100 ml, num balão normalizado. Os teores de níquel e de ferro nos depósitos de liga Zn-Ni e Zn-Fe, respetivamente, foram medidos por métodos gravimétricos e potenciométricos. O teor de cobalto na liga Zn-Co foi calculado pelo método gravimétrico e o teor de manganês no depósito da liga Zn-Mn foi determinado pelo método potenciométrico . As percentagens de níquel, ferro, cobalto e manganês nos depósitos foram medidas utilizando a relação;

$$\% Ni = \frac{weight\ of\ Ni}{weight\ of\ Ni + weight\ of\ Zn} \times 100$$

$$\% Fe = \frac{weight\ of\ Fe}{weight\ of\ Fe + weight\ of\ Zn} \times 100$$

$$\% Mn = \frac{weight\ of\ Mn}{weight\ of\ Mn + weight\ of\ Zn} \times 100$$

$$\% Co = \frac{weight\ of\ Co}{weight\ of\ Co + weight\ of\ Zn} \times 100$$

2.8 Tensão de funcionamento

As experiências com células de casco foram realizadas com uma solução de banho contendo várias quantidades de sais condutores (cloreto de sódio, sulfato de sódio, cloreto de amónio, etc.). Para cada caso, mediu-se a tensão de funcionamento da célula com diferentes correntes (1-3 amperes). A tensão de funcionamento foi calculada em função da concentração do sal condutor. Com base na comparação dos resultados (tipo e concentração do sal condutor), foi selecionado um sal condutor adequado com uma concentração fixa para preparar a solução do banho de revestimento.

2.9 Medições electroquímicas da corrosão por voltametria cíclica

As experiências electroquímicas foram realizadas com um aparelho Chemilink Electro Analyser (modelo EA-201), ligado a um computador pessoal equipado com software de corrosão para aquisição de dados. Todas as experiências galvanostáticas e voltamétricas foram realizadas numa célula de três eléctrodos de compartimento único com 100 ml de capacidade.

As determinações experimentais da polarização potenciodinâmica foram efectuadas numa solução aquosa de NaCl a 3,5 % em peso, utilizando aço macio (7 mm^2) como elétrodo de trabalho, uma folha de platina como contra elétrodo e calomelano saturado como elétrodo de referência. As medições efectivas foram efectuadas varrendo o potencial entre -600 e -1800 mV a partir do potencial de circuito aberto à velocidade de varrimento de 10 mVs^{-1}. O potencial de corrosão (Ecorr) e a corrente de corrosão (i_{corr}) foram calculados utilizando o método de extrapolação de Tafel. O potencial catódico foi determinado galvanostaticamente em relação ao elétrodo de calomelano saturado a várias densidades de corrente.

Os estudos de voltametria cíclica foram realizados utilizando carbono vítreo (7 mm^2), platina e calomelano saturado como eléctrodos de trabalho, contador e referência, respetivamente. Antes do início de cada experiência, o elétrodo de trabalho foi polido até obter um acabamento espelhado utilizando alumina 0,05 gm (Buehler). Após o polimento, os eléctrodos foram activados electroquimicamente numa solução contendo 0,1M $K_4Fe(CN)_6$ e 1M KNO_3. Esta ativação proporciona uma melhor resposta eletroquímica e promete reprodutibilidade. A temperatura da célula foi mantida a 303 K.

2.10 Ensaio de electrodepósitos

O processo de galvanoplastia inclui duas especificações: a especificação do processo e a especificação do produto. Na especificação do processo, é descrita a série de operações através das quais um trabalho tem de ser efectuado para obter um acabamento específico numa peça. Os clientes geralmente não demonstram interesse nas especificações do processo ou nas especificações dos materiais utilizados pelo galvanizador. Estão sobretudo interessados nas especificações relativas aos produtos galvanizados. Assim, as indústrias de galvanoplastia concentram-se principalmente nos métodos de caraterização dos electrodepósitos. São concebidos métodos de rotina para efetuar ensaios e existem várias especificações industriais [9].

2.11 A Espessura do revestimento

A atividade de uma peça galvanizada é aproximadamente proporcional à espessura do depósito. Esta afirmação é aplicável a quase todas as propriedades do depósito, nomeadamente a resistência à corrosão e a resistência ao desgaste. Uma vez que a natureza do depósito e do substrato não é constante, como testemunham os experimentalistas, são estabelecidos diferentes métodos para avaliar a espessura dos depósitos. A espessura média do depósito foi determinada utilizando fotomicrografias de secção transversal SEM e corroborando com a equação [10]

$$T = \frac{m}{Ad} \times 100$$

em que "T" é a espessura do depósito em gm, m é a massa do depósito, "A" é a área em cm^2 e "d" é a densidade do metal revestido em gcm^{-3}.

2.108 Resistência à corrosão

O ensaio de resistência à corrosão foi realizado para determinar a proteção do substrato contra a corrosão após a deposição. O ensaio de desempenho do artigo revestido em serviço utilizando ensaios de campo não é prático porque consome muito tempo. Existem alguns métodos de ensaio estabelecidos, que são ensaios acelerados efectuados durante curtos períodos de tempo (horas ou alguns dias) que simulam o ambiente esperado em que a peça revestida vai ser utilizada.

Estão disponíveis muitos ensaios [11], que podem estar relacionados com as condições reais de serviço. Os principais objectivos de todos estes ensaios são:

1. Avaliar os sistemas disponíveis quanto às suas propriedades de resistência à corrosão,
2. Desenvolver revestimentos que proporcionem uma maior estabilidade em termos de resistência à corrosão do que os revestimentos existentes
   um, e
3. Para verificar se uma determinada combinação de electrodepósito-substrato cumpre as especificações.

O ensaio de névoa salina [12, 13] é talvez o melhor método relatado do que quaisquer outros ensaios laboratoriais de corrosão para revestimentos galvanizados, uma vez que é um ensaio de corrosão acelerado. Em princípio, consiste em submeter o provete de ensaio a uma névoa controlada de uma solução reagente (com base no tipo de revestimento) e observar os efeitos no provete após um determinado número de horas.

Nas indústrias de galvanoplastia de zinco, os revestimentos de zinco são expostos a tratamentos de imersão brilhante e de passivação antes dos ensaios de corrosão acelerada. Assim, os revestimentos de zinco foram submetidos a uma imersão brilhante numa solução de ácido nítrico a 1% durante 2-5 segundos. Estes revestimentos, após a imersão brilhante, foram submetidos a passivação numa solução que inclui cromato de sódio, 200 gL^{-1}, e pH 1,9 durante 10-15 segundos (o pH foi ajustado com ácido sulfúrico). Os painéis passivados, após secagem num forno limpo a 373 K durante 24 horas, foram analisados por ensaio de projeção salina, de acordo com a especificação ASTM (B117-73, solução de NaCl a 5%, pH 6,5-7,3, temperatura 308 K). O ensaio foi efectuado durante 120 horas. Observou-se ferrugem branca nos revestimentos galvanizados, o que demonstra que a vida útil dos revestimentos de zinco pode ser superior a 24 anos (exposição no exterior - ambiente natural).

2.10 C Adesão

A adesão é uma propriedade essencial de qualquer electrodepósito, porque, sem assegurar uma ligação suficiente entre o revestimento e o substrato, o componente revestido não pode ser utilizado na aplicação a que se destina. Existem vários métodos de ensaio disponíveis: ensaio de curvatura, ensaio de brunimento, ensaio de lima, ensaio de retificação, ensaio de calor, ensaio de descasque, etc. O método de ensaio de flexão padrão foi escolhido para estimar a aderência dos depósitos de zinco. Painéis de aço macio (3 cm x 10 cm x 1 mm) foram submetidos a galvanoplastia com zinco em diferentes espessuras (5-25 ^m). Cada amostra galvanizada foi testada para flexão a 180^0. O depósito foi observado de perto no ponto de flexão para detetar a fissura ou o descolamento.

2.11 Porosidade

Os electrodepósitos contêm poros e fissuras em diferentes graus e, por isso, dão origem aos poros no depósito. O meio corrosivo, juntamente com a humidade, entra na superfície do substrato através destas aberturas e fissuras. Por conseguinte, o galvanizador preocupa-se em conhecer a porosidade dos depósitos. Os ensaios de corrosão ou a exposição à atmosfera podem ser úteis para determinar a porosidade, mas existem alguns ensaios rápidos, como o ensaio com ferroxil, o ensaio eletrográfico e os ensaios com água quente, que podem ser utilizados.

O teste de ferroxil foi altamente incorporado para testar a porosidade no depósito. Foram utilizados painéis de aço macio (8x8 cm^2) no ensaio de porosidade. O zinco foi revestido nestes painéis até uma espessura de 10-20 pm. Papel de filtro de boa qualidade foi imerso numa solução de 50 gL^{-1} de cloreto de sódio e 50 gL^{-1} de gelatina e seco, sendo depois dividido em pedaços (4 x 4 cm^2). Em seguida, o papel de ensaio foi colocado sobre a amostra revestida e humedecido com uma solução de cloreto de sódio de 50 gL^{-1}. Após 10 minutos, o papel foi retirado e imerso numa solução de ferricianeto de potássio de 10 gL^{-1}. O aparecimento de manchas azuis no papel de filtro ao longo do tempo foi considerado (número de manchas azuis/unidade de área) como indicador de porosidade.

2.12 Ensaio de imersão

A resistência à corrosão dos depósitos de zinco, tanto na presença como na ausência de aditivo, foi estudada mergulhando o artigo electrodepositado numa solução de NaCl a 3,5% em peso durante um determinado número de horas. A extensão da corrosão foi investigada através de fotomicrografias SEM em corte transversal.

2.13 Medidas de perda de peso

O comportamento de corrosão das amostras revestidas de zinco com e sem aditivo foi examinado através de testes de perda de peso a 298 K. A área exposta da amostra era de 3x4 cm^2. A espessura da deposição foi da ordem de 15-20 pm. As amostras revestidas foram mergulhadas numa solução de NaCl a 3,5% em peso e os pesos das placas foram registados periodicamente por cada 24 horas durante 15 dias. A partir dos dados de perda de peso, foi calculada a velocidade de corrosão.

2.14 Medições do potencial de circuito aberto (PCO)

Quando uma amostra de metal é exposta ao meio corrosivo, ocorrem processos de oxidação e redução na sua superfície. Tipicamente, a amostra oxida (corrói) e o meio (solvente) é perdido. Se o sistema não estiver equipado com qualquer instrumentação, a amostra assume um potencial relativo ao elétrodo de referência, depois de atingir a condição de equilíbrio. Este potencial é designado por "potencial de circuito aberto (PCO)". No OCP, a amostra envolve a presença de corrente anódica e catódica na sua superfície. No entanto, estas correntes são exatamente iguais em magnitude, de modo que não há corrente a ser calculada. Se o sistema for perturbado da condição de equilíbrio por polarização, a corrente líquida pode ser encontrada.

A variação do OCP das amostras de aço depositadas com e sem aditivo foi medida numa solução de NaCl a 3,5% em peso em função do tempo a 298 K. A área exposta do espécime era de 3 x 4 cm^2. Os potenciais de corrosão foram medidos em intervalos de 30 minutos durante um período de 15 horas.

2.15 Estudo FTIR

O espetro de infravermelhos fornece informações sobre o tipo de grupos funcionais existentes no composto. A literatura revela que alguns compostos orgânicos (branqueadores) são inseridos no depósito durante a eletrodeposição. Para determinar a adição do branqueador no depósito, foi efectuada a análise por infravermelhos dos depósitos de zinco raspado obtidos de diferentes banhos.

2.16 Estudos SEM

A fim de reconhecer a natureza dos depósitos formados, os depósitos obtidos a partir de vários electrólitos foram examinados utilizando o microscópio eletrónico de varrimento modelo JEOL-JSM-35 LF a 25kV. As imagens SEM dos artigos revestidos antes e depois dos testes de corrosão foram estudadas para compreender o seu desempenho de corrosão em solução de NaCl a 3,5 wt%.

2.17 Análise XRD

Os estudos de DRX dos depósitos foram efectuados utilizando o difratómetro de raios X Philips (TW 3710) com Cu-K_a como fonte de radiação e Ni como filtro para identificar as fases criadas. O tamanho médio dos cristalitos foi calculado utilizando o método de alargamento de linha. Os valores médios do tamanho dos cristalitos foram previstos utilizando a seguinte equação de Scherrer e Warren,

$$D = \frac{0.9\lambda}{\left(B^2 - b^2\right)^{\frac{1}{2}} Cos\theta}$$

em que "D" é o tamanho do cristalito, "X" é o comprimento de onda da radiação, "0" é o ângulo de Bragg, "B" e "b" são os FWHMs identificados para a amostra e o padrão, respetivamente. Foi utilizado pó de silício com um diâmetro médio de partícula de 25 gm para avaliar o alargamento do pico instrumental.

2.18 Estudos TEM

O tamanho das partículas do depósito de zinco obtido a partir do banho ótimo foi calculado por um instrumento TEM (Philips TW-3710). Foi utilizada uma tensão de aceleração de 200 keV. As amostras TEM foram preparadas submetendo a amostra a uma sonicação em acetona durante ~30 segundos e, em seguida, colocando uma pequena gota da suspensão resultante numa grelha de cobre-carbono de 3 mm.

2.19 Consumo de abrilhantador

Na galvanoplastia, os aditivos desempenham um papel fundamental na obtenção de depósitos brilhantes. Os agentes de adição são esgotados durante o processo de deposição e, consequentemente, a sua concentração diminui. Quando esta concentração desce abaixo do valor crítico, o depósito perde o seu aspeto brilhante. Neste estudo, para estimar a quantidade de agentes de adição gastos durante o revestimento, foram utilizados 2,5 L de solução de banho e o revestimento foi efectuado com diferentes densidades de corrente. O número total de coulombs de corrente que fluíram para a solução de banho foi anotado no momento em que o banho começou a apresentar um depósito semibrilhante. Após a utilização, a solução de banho foi colocada no ensaio de célula de Hull e adicionada a diferentes quantidades de agentes de adição. A quantidade de agentes de adição necessária para obter o depósito brilhante mais uma vez é encontrada. O consumo de abrilhantador é expresso em gramas por litro para 1000 amperes-hora.

2.20 Escalonamento de cubas até 25 litros de capacidade

Foi preparada uma solução de banho com uma composição óptima. As experiências de galvanização foram realizadas numa célula retangular de metacrilato com uma capacidade de 25 litros. Os componentes de aço de diferentes dimensões e formas foram desengordurados, electroclavados e lavados com água. Estes componentes de aço pré-tratados foram ligados com fio de cobre ao terminal negativo da fonte de corrente contínua. Duas placas de zinco de dimensões adequadas foram colocadas no interior da cuba de revestimento e ligadas ao terminal positivo da fonte de corrente contínua. As experiências de galvanização foram efectuadas com diferentes densidades de corrente. Foram tomadas medidas para agitar a solução do banho durante a deposição. As propriedades do depósito foram determinadas por meio de procedimentos padrão.

CAPÍTULO 3

GALVANOPLASTIA DE ZINCO SOBRE AÇO

A utilização da zincagem como meio de produzir um revestimento protetor para o ferro e o aço remonta a mais de 200 anos. No entanto, foi apenas nos últimos 90 anos que se assistiu a um surto de actividades que transformaram a galvanoplastia do estado da arte para um processo industrial genuinamente científico [1].

No final do século XIX· era prática corrente enriquecer estes banhos de sais ácidos básicos com a incorporação de tampões como o ácido bórico e o cloreto de amónio. Durante este período, o trabalho de investigação inicial concentrou-se na modificação de todos os banhos de galvanoplastia e no desenvolvimento de agentes orgânicos de adição que alteravam completamente a estrutura cristalina dos depósitos e proporcionavam acabamentos brilhantes. No início do século XX, foram testadas algumas formulações de zincagem à base de sulfato e cloreto [2].

A primeira patente americana de zincagem foi concedida em 1862. Em 1908, E.C. Broadwell obteve uma patente para uma solução com sulfato de zinco e naftaleno dissulfonato de zinco [3]. No início da década de 1920, Wernlund e Proctor, e Blum et al., previram as aplicações comerciais da zincagem com cianeto [4]. Em meados dos anos 30, o zinco galvanizado foi aceite como um verdadeiro acabamento decorativo e resistente à corrosão para o ferro e o aço. O maior avanço para a utilização comum da zincagem como um acabamento comercial brilhante para peças fabricadas ocorreu entre 1937-1945 com a síntese de toda uma família de aditivos e formulações [5].

A causa do sucesso do revestimento de zinco no mundo da eletrodeposição pode ser compreendida por uma afirmação simples e direta: Nenhum outro metal é tão eficaz na resistência à corrosão como o zinco, de uma forma tão económica. O zinco é anódico ao ferro e ao aço, os metais em que é mais frequentemente revestido, sendo a proteção sacrificial. No início, o zinco era depositado apenas para obter proteção contra a corrosão, mas o advento de depósitos de zinco brilhante de alguns dos mais recentes banhos de revestimento compete agora com depósitos de níquel-crómio brilhante. Outro ponto importante para a importância do revestimento de zinco é a sua relativa facilidade de deposição. A maioria dos depósitos de zinco são funcionais à temperatura ambiente.

Do total da produção mundial de zinco, 35% é utilizado apenas para proteção do ferro e do aço [6]. A estrutura do zinco cristalino é estranha. Apesar de consistir num empacotamento hexagonal, o rácio c/a é igual a 1,86, que é superior ao valor apropriado para a coordenação regular de doze (1,63). Isto resulta num arranjo em que o zinco é frequentemente rodeado por seis vizinhos mais próximos no plano de empacotamento fechado e por seis vizinhos mais distantes, três em cada plano adjacente. Foi afirmado [7] que as aproximações próximas resultam de uma forma específica de ligação metal-metal, abrangendo obviamente os híbridos sp^2, mas as razões para este comportamento não são evidentes.

A reação dos ácidos clorídrico e sulfúrico diluídos sobre o zinco puro é muito gradual. Pensa-se que este facto está associado à sobretensão muito elevada do hidrogénio sobre o zinco (cerca de -0,72 V). A inserção de um agente oxidante ou de iões metálicos (Cu^{2+}, Ni^{2+}, Co^{2+} e Mn^{2+}) acelera muito a reação. O zinco é facilmente solúvel em meio alcalino e produz hidrogénio e zincatos.

3.1 Solução de banho

Foram examinadas várias soluções de banho para a galvanoplastia de zinco. Estas soluções de banho variam consideravelmente tanto nos seus constituintes como nas suas caraterísticas, mas podem ser classificadas como sendo de tipo ácido ou alcalino. Os banhos ácidos são compostos por sulfato ou cloreto de zinco, ou ambos, e incluem uma proporção de outros sais e colóides essenciais para a preparação de electrodepósitos lisos e de grão fino. Os banhos alcalinos baseiam-se geralmente no cianeto duplo do metal cianeto de sódio e zinco e incluem zincatos em função do grau de causticidade mantido.

Os banhos de galvanoplastia de zinco podem ser divididos em quatro classes principais:

1. Banhos alcalinos de cianeto
2. Banhos alcalinos sem cianetos
3. Banhos ácidos
4. Banhos diversos

Atualmente, a maior parte da zincagem comercial de peças fabricadas é realizada a partir do banho de cianeto de zinco padrão ou das suas derivações mais recentes, os banhos de cianeto médio e baixo [8-10]. A sua posição principal na indústria está a ser rapidamente abalada em alguns países onde existem preocupações ecológicas. Ainda assim, há uma série de razões para a sua contínua prevalência [11], sendo elas a enorme quantidade de tecnologia disponível sobre o banho de cianeto, o simples controlo do eletrólito no banho durante ou após o processo, a não necessidade absoluta de uma limpeza perfeita dos artigos, a realização de um revestimento uniforme e a fácil possibilidade de passivação do cromo.

Os depósitos de zinco obtidos a partir de banhos de cianeto são perfeitamente capazes de satisfazer as exigências das especificações industriais. No entanto, o custo da gestão dos resíduos é uma grande preocupação. A condutividade do banho de cianeto é muito inferior à do banho de cloreto ácido. O êxito do processo depende essencialmente da temperatura e da concentração de cianeto da solução de banho.
Os banhos de zincagem com cianeto contêm normalmente cianeto de zinco, soda cáustica e cianeto de sódio. O óxido de zinco é utilizado como uma fonte barata de iões de zinco. O cianeto de sódio em combinação com o cianeto de zinco dá origem ao complexo cianeto de sódio e zinco.

$$Zn(CN)_2 + 2NaCN \rightarrow Na_2Zn(CN)_4$$

O cianeto de zinco com soda cáustica produz um complexo de zincato de sódio.

$$Zn(CN)_2 + 4NaOH \rightarrow Na_2Zn(OH)_4 + 2NaCN$$

A relação exacta entre o zincato de sódio e o cianeto de sódio e zinco na solução de banho não é bem conhecida. Hull e Wernlund [12] mostraram que o ião zincato estava presente até 75%. O trabalho recente [13] revelou a existência de um equilíbrio entre dois complexos.

$$Na_2Zn(CN)_4 + 4NaOH \leftrightarrow Na_2Zn(OH)_4 + 4NaCN$$

A formulação e as condições gerais de trabalho do banho de zinco normalizado de base são as seguintes zinco metálico (35 gL^{-1}), cianeto de sódio (95 gL^{-1}), soda cáustica (80 gL^{-1}), placas ou esferas de zinco em cestos anódicos, densidade de corrente anódica 1-2 Adm^{-2}, densidade de corrente catódica 0,1-4 Adm^{-2} (Barril), 1-10 Adm^{-2} (Bastidor) e temperatura 299 K.
Um extenso trabalho de investigação com vista à redução do cianeto no sistema alcalino de zincagem conduziu ao desenvolvimento de um banho alcalino de zinco com baixo teor de cianeto e baixo teor de metal, cujas caraterísticas de funcionamento são bastante diferentes do banho de cianeto normal. A formulação óptima inclui [14] zinco metálico 7,5 gL^{-1}, cianeto de sódio 15 gL^{-1} e agentes de adição. Normalmente, os agentes de adição utilizados em banhos normais ou com baixo teor de cianetos não têm um bom desempenho, em especial nas zonas de maior densidade de corrente.
Nos primeiros anos da década de 1960, quando as exigências de tratamento de resíduos se tornaram mais fortes, especialmente na Alemanha, Suíça e Inglaterra, um número considerável de empresas fornecedoras de galvanização começou a concentrar-se no desenvolvimento de banhos industriais de zincagem sem cianetos. No entanto, estes esforços não provaram ter um significado prático no funcionamento efetivo da fábrica. O banho alcalino sem cianetos é composto apenas por iões de zinco e soda cáustica. O trabalho inicial centrou-se na utilização de agentes complexantes, como o gluconato de sódio, o EDTA e a trietanolamina. Este banho acumulava rapidamente ferro que era complexado pelo sistema. O que era necessário para tornar o sistema de zinco alcalino não cianetado funcional era um agente de adição não complexante e não quelante que pudesse substituir o cianeto, não complexasse o ferro e não criasse confusão na eliminação de resíduos, fosse eficiente e possuísse as caraterísticas de cor de um sistema de cianeto normal [15]. Nos Estados Unidos, durante 1970, mais de 50% de todos os revestimentos decorativos de zinco foram acabados em banhos sem cianeto e com baixo teor de cianeto [16].
O banho de zinco ácido sofreu uma modificação mais fundamental na última década. O funcionamento dos banhos de zinco ácido limita-se à galvanização de produtos industriais: tubos, chapas e condutas [17]. Os sistemas de zinco ácido podem ser classificados de acordo com os seus constituintes químicos [18]. Para a galvanização de tiras [19] e fios [20], são utilizados electrólitos de sulfato, cloreto e banhos mistos de sulfato e cloreto. No revestimento ácido brilhante de peças construídas, os banhos de cloreto ácido e de cloreto neutro [21] são amplamente utilizados. Os banhos ácidos [22] contendo cloreto de zinco, cloreto de amónio e alguns aditivos orgânicos são testados para a galvanoplastia de zinco. A galvanoplastia de zinco a partir de um banho de sulfato [23] tem benzalacetona como agente branqueador hospedeiro, éter de alquilfenol polioxietileno como veículo, metil e propil anilina como assistentes e naftil sulfonato como agente dispersante. A composição do branqueador de zinco para banhos de cloreto ácido [24] inclui ácidos aromáticos ou aldeídos ou cetonas, ácidos aromáticos ou o seu sal de sódio e agentes espumantes.

O processo de galvanoplastia com cloreto de zinco foi considerado como um melhor substituto da galvanoplastia com cianeto de cádmio no fabrico de conectores e acessórios industriais na Aeroquip Corporation [25]. O processo de substituição elimina certos resíduos, especificamente o cádmio e o cianeto, que se encontram na lista dos dezassete poluentes tóxicos prioritários comunicados pela EPA dos EUA.

3.2 Abrilhantadores de zinco

Os compostos inorgânicos ou orgânicos, mesmo em pequenas concentrações, adicionados à solução do banho de galvanoplastia actuam explicitamente no cátodo e provocam uma diminuição da granulometria do depósito, conferindo-lhe um aspeto brilhante. Estes compostos electroactivos são designados por abrilhantadores. Os branqueadores desempenham um papel preponderante na tecnologia de galvanoplastia. Durante a galvanoplastia, o abrilhantador contribui para numerosas alterações na superfície do elétrodo. O papel do abrilhantador na superfície do elétrodo é muito complicado e pouco claro. A natureza e o teor do abrilhantador utilizado na eletrodeposição de metais depende geralmente de muitas variáveis de galvanização, nomeadamente a densidade da corrente, a composição do banho, o pH, etc. A eletrodeposição de zinco a partir de vários banhos é concluída com êxito e com um acabamento desejável, utilizando um grande número de compostos como branqueadores. A avaliação experimental dos abrilhantadores resultou na conclusão de que deve ser desenvolvido um novo sistema de abrilhantador para ser aceite comercialmente [26].

A Tabela 3.1 ilustra os diferentes banhos de sulfato ácido, sulfato-cloreto e respectivos branqueadores utilizados na galvanoplastia de zinco [27-43].

Quadro 3.1 Banho de sulfato ácido e de cloreto de sulfato e respectivos branqueadores

Sl. Não.	**Composição do banho (gL-1)**	**Abrilhantador (gL^{-1})/técnica**	**c.d. (Adm^{-2})**	**pH**	**Temp. (K)**	Ref
1	ZnSO4 (240), Na2SO4 (60), H3BO3 (40), CTAB (2), EDTA (40).	Produto de condensação de Glicil-glicina e furfural [80 mLL^{-1}].	0.5-8	3	293-303	27
2	$ZnSO_4$ (275), Na_2SO_4 (100).	Produto de condensação de furfural e p-amino ácido benzoico [30 mLL^{-1}].	2-4	3.0	303	28
3	$ZnSO_4$ (250), Na2SO4 (60).	Produto de condensação de DL-Alanina e glutaraldeído (28 mLL^{-1}).	2-11	2.2	298-303	29
4	$ZnSO_4$ (150-250), Na_2SO_4 (40-60),	Hexamina (60), Extrato de levedura (12),		3.0	298-303	30
	H3BO3 (30).	Produto de condensação da DL-alanina e do glutaraldeído (1.4) Produto de condensação da L-lisina e do glutaraldeído (1.2).				
5	ZnSO4 (80), Na2SO4 (3M), Sódio laurilo sulfato (2).	Produto de condensação de quitosano e veratraldeído (40 mLL^{-1}).	0.5-8	3	293	31
6	$ZnSO_4$ (250), NaCl (50).	Produto de condensação de cloridrato de semicarbazida e glutaraldeído (20 mLL^{-1}).	1-11	1.3-1.5	298	32

7	ZnSO4 (250), NaCl (50), H3BO3 (30), lauril sulfato de sódio (0,5).	N-Acetilglicina (20).	1-11	3.5	303	33
8	$ZnSO_4$ (300), $(NH_4)_2SO_4$ (30).	Tioureia (5), ácido sulfossalicílico (0,5), P-alanina (1).	-	3	303	34
9	$ZnSO_4$ (165), Al2(SO4)3 (16), NaCl (15), H3BO3 (30), Dextrina (3).	Álcool polivinílico (0,25), ácido antranílico (0,75), formaldeído (7 mLL^{-1}).	2-8	2.5-3	298-303	35
10	ZnSO4 (260), Na2SO4 (30), NaCl (10), Dextrina (3).	m-Nitrobenzaldeído (0,5).	1.5-9	2.8	298-303	36
11	ZnSO4 (220), Na_2SO_4 (30), NaCl (15), Dextrina (3).	Glicina (2,5), tioureia (0,75).	2-7	2.5-3	298-303	37
12	Zn metálico (70), Na2SO4 (30), NaCl (30),	Cloridrato de tiamina (0,2-0,3).	0-3.4	2.5	298	38
	Dextrina (3).					
13	$ZnSO_4$ (250), Na_2SO_4 (45), NaCl (15), Sod. Taurocholato (0.5).	Álcool polivinílico (1), Histidina (1,25), Ninidrina (1,25), Ácido ascórbico (6).	1-8	3.0	298	39
14	ZnSO4 (200), Na2SO4 (30), NaCl (15), Sod. Taurocholato (0.5).	Álcool polivinílico (1), aliltioureia (1), dimetilsulfóxido [3 mLL^{-1}].	2-8	3.0	298-303	40
15	Sal de Zn (20-200), Sal condutor (30250), Compensador (0-30), Superfície material ativo (2-30).	Compostos carboxílicos (1-10), acetona de benzilidina (0.01 0,5), Produtos de aditivos de cloração e hidrólise do tolueno (0,010,2).	-	-	-	41

16	Sal de zinco, licores residuais da indústria da celulose.	Composto orgânico contendo S (0.4-4).	0.5-15	2.4	279-303	42
17	Sal de zinco.	Benzalacetona, alquilfenol éter polioxietilénico, Me e Pr naftilsulfonato de anilina.	-	-	-	43

Alguns dos branqueadores e técnicas estabelecidas para a zincagem a partir de banhos de cloreto ácido e alcalinos estão resumidos na Tabela 3.2 [44-64].

Quadro 3.2 Banho alcalino com cloreto ácido e sem cianeto

Sl. Não.	**Composição do banho (gL^{-1})**	**Abrilhantador (gL^{-1})**	**c.d. (Adm^{-2})**	**pH**	**Temperatura (K)**	Ref
1	$ZnSO_4$ (40), NaOH (1 NaOH (20), CTAB (6), EDTA (20).	Condensação produto de ácido antranílico e furfural (0,8).	0.5-5	-	298	44
2	ZnSO4 (35), NaOH (110),	Produto de condensação de Dl-alanina e glutaraldeído	0.1-5.6	-	293-303	45
	CTAB (6), EDTA (20).	(4 mLL^{-1}).				
3	$ZnSO_4$ (35), NaOH (120), CTAB (6), EDTA (20).	Salicilaldeído (1,6 mLL^{-1}).	1.5-5	-	293-303	46
4	ZnO (0,12M), NaOH (3,25M).	Bissulfato de anisaldeído (0,5) e Na-N- benzilnicotinato (1 mLL^{-1} de solução a 33-36%), técnica do elétrodo de disco rotativo.	-	-	-	47
5	$ZnSO_4$ (0,1M), NaOH (120).	Sorbitol (0,05, 0,2, 0,4 e 1,0 M), técnica voltamétrica.	-	-	-	48
6	ZnO (9-12M), NaOH (90-120M).	Álcool polivinílico, derivado de cloreto de benzilo e ácido nicotínico, epicloridrina, tetraetileno pentamina, polipropileno imina, Piperonal, Anisaldeído, Veratraldeído, acetonilo Técnica de voltametria cíclica.	-	-	-	49

7	ZnO (10), NaOH (90), Gelatina (15).	Vanilina, Cafeína.	-	10	303	49
8	ZnO (10-15), NaOH (140-160).	Vanilina (0,03-0,05), EDTA (1,2-2,0), DE (3-4 mLL^{-1}).	1-3	-	283-313	50
9	ZnO (10-15), NaOH (140-160), ácido tartárico (4).	DE (2), abrilhantador 906 [0,5 mLL^{-1}].	-	-	283-313	51
10	Zincato (9-15).	Polissulfónico copolímero (0,5 mLL^{-1}).	-	-	-	52
11	Zn (6-40), NaOH (60-200),	Aminas polivalentes, Ácidos oxicarboxílicos, Amino	-	-	-	53
	SiO_2 (0,01-1).	ácidos carboxílicos.				
12	ZnO (6-12), NaOH (100-120).	Trietanolamina (20-35), I-Brightener {Cloreto de benzilo(37-55), Hexametileno tetramina (52,5), NaOH (11,78), Epicloridrina (35) e Ácido nicotínico (36.19)}, II-Brilhante {Poli (acetato de vinilo) (80), H_2O_2 (30%) (40) e HOAc [200 mLL^{-1}].	-	-	-	54
13	Sal de zinco, alcalino metais hidróxido.	Produtos de cetonas com amoníaco e/ou aminas e/ou poliaminas e/ou alquilaminas e com HCHO.	-	-	-	55
14	ZnCl2 (32), NH4Cl (200), H_3BO_3 (20).	Condensação produto de Cloridrato de tiamina e furfural [8 mLL^{-1}].	0.5-5	3	293-303	56
15	$ZnCl_2$ (30), NH_4Cl (150), H3BO3 (20), Gelatina (0,3).	3,4,5-Tri metoxibenzaldeído (1.3).	0.5-8	4	298-303	57
16	ZnCl2 (1,38M), KCl (4,30M).	o-vanilina.	-	4.5	333	58
17	$ZnCl_2$ (0,1M), KCl (0,32M), H3BO3 (2,8M).	Benzilidenoacetona {0,2 0,3 gL^{-1}).	-	5	-	59

18	Zinco (26-52), $ZnCl_2$ (105-165).	Agente quelante (45-90), branqueador primário (0,752), branqueador secundário (1,25).	-	6.8-7.5	297-315	60
19	ZnCl2 (100), KCl (200), H3BO3 (20).	Benzilideno acetona, Ácido benzoico e ácido adípico.	2	4.5-5.0	293	61
20	ZnCl2 (15-50), Cl^- (80-110).	HP (aldeído ou cetona aromática, ácido aromático ou o seu sal de sódio e tensioativo.	-	-	-	62
21	$ZnCl_2$ (40), NH_4Cl (100), KCl (100).	Tensioactivos não-iónicos (10), benzalacetona (0,8), piridina (0,4).	-	-	-	63
22	Zinco (35), Cl- (140), H3BO3 (30).	Abrilhantador (3 mLL^{-1}) + Biodegradável aniónico tensioactivos.	-	-	-	64

Os branqueadores utilizados na galvanoplastia de zinco em banhos com alto e baixo teor de cianeto são apresentados [65-73] nos quadros 3.3 e 3.4 [74-81]. Na maioria dos banhos de cianeto, o zinco é utilizado sob a forma de cianeto de zinco ou de óxido de zinco. Para obter uma concentração suficiente de cianeto na solução do banho, é necessária uma adição repetida de cianeto de sódio. A temperatura de revestimento é geralmente inferior a 313 K.

Quadro 3.3 Banho alcalino com elevado teor de cianetos

Sl. Não	**Composição do banho (gL-1)**	**Abrilhantadores (gL^{-1})**	**c.d. (Adm^{-2})**	**pH**	**Temp. (K)**	**Ref.**
1	ZnO (40), NaCN (75).	Ciclohexanona (0,5), Polietileno (5), Me2CO (5).	20	-	291	65
2	ZnO (25), NaCN (40), NaOH 80).	Produto de polimerização por radicais livres do cloreto de di-alquil cloreto de di-metilamónio.	24	-	298	66
3	Zn(CN)2 (67,5), NaCN (45), NaOH (52).	Poli (N-hidroxi etanimina) (0,075).	5.4	-	299	67
4	Zn(CN)2 (67,5), NaCN (45), NaOH (82).	Poli (N-hidroxi etilenimina) (0,075).	5	-	800F	68
5	ZnO (40), NaCN (75), NaOH (70).	Ciclo-hexanona (0,5).	2	-	291	69
6	Zn(CN)2,(40), NaCN (45), NaOH (60).	Condensação produto de Dicianodiamida e HCHO, Urotropina, Álcool polivinílico.	5	-	288	70

7	Zn(CN)2 (62), NaCN (50), NaOH (69).	Tioureia (6), $Na_2S_2O_3$3	2-4	17.5	298	71
8	ZnO (45), NaCN (90), NaOH (60).	Ureia (3), Resina (0,5).	10	-	303	72
9	Zn(CN)2 (79), NaCN (125), NaOH (88).	Mistura de vários detergentes, (30%) Veratraldeído (6).	6	-	315	73

Quadro 3.4 Banho alcalino com baixo teor de cianetos

Sl. Não	Composição do banho (gL-1)	Abrilhantador (gL^{-1})	c.d. (Adm^{-2})	pH	Temp. (K)	Ref.
1	ZnO (40), NaCN (40), NaOH (40).	Piperonal + Etilenoglicol e salicilato.	-	-	-	74
2	ZnO (74), NaCN (76), NaOH (77), \a2CO; (62).	Polietilenimina (1), piridínio-3-carboxilato de benzilo, cloridrato de trigonelina.	15	-	298	75
3	ZnO (10), NaCN (10), NaOH (70).	Solúveis em águapolímerosÁlcool polivinílico, polietilimina,Polivinil pirrolidina, anisaldeído e Furfural.	20	-	298	76
4	ZnO (10), NaCN (12), NaOH (80).	Álcool polivinílico (0,4), 3,4-Dimetoxi-6-metil benzaldeído (0,2).	5	-	298	77
5	ZnO (10-45), NaCN (0-8), NaOH (100-150).	WD 928 (8-10 mLL^{-1}), (produto de condensação de aminas, aldeídos mercaptobenzimidazol, mercaptotiazolina e outros compostos).	0.5-6	-	273-318	78
6	ZnO (10-15), NaCN (15-25),	Glicerina ou DPE-III.	-	-	-	79
	NaOH (70-80).					
7	ZnO, NaCN, NaOH, Na2S	Cianozinco-92.	-	-	-	80
8	ZnO (12-45), NaCN (5-80), NaOH (100-150).	WD-90 (6 mLL^{-1})	1-6	-	273-323	81

CAPÍTULO 4

ELECTRODEPOSIÇÃO DE Zn-ALLOYS

As ligas galvânicas têm atraído uma atenção substancial, devido às suas diversas aplicações numa série de domínios industriais. Várias ligas podem ser depositadas a partir de sais fundidos ou de soluções orgânicas. A eletrodeposição de mais de uma centena de ligas binárias e ternárias foi estudada, mas apenas alguns sistemas de galvanoplastia tiveram importância prática. Os desenvolvimentos nas indústrias eletrónica, automóvel e aeroespacial contribuíram para o domínio da eletrodeposição de ligas. Entre estes sistemas, são importantes as ligas como Fe-Ni, Ni-W, Ni-Mo, Pb-Sn, Cu-Ni, Fe-Zn, Co-Zn, Mn-Zn e Ni-Zn, etc.
A redução simultânea de dois iões metálicos pode ser permitida quando os seus potenciais de descarga são iguais, como representado pela equação:

$$E_1^0 + \frac{RT}{n_1 F}\ln a_1 + \eta_1 = E_2^0 + \frac{RT}{n_2 F}\ln a_2 + \eta_2$$

em que "E_1^0" e "E_2^0" são os potenciais de elétrodo padrão dos respectivos metais, "a_1" e "a_2" são as actividades dos iões metálicos e a sobretensão catódica, "^1" e "-q_2" são os números de electrões, "R" é a constante dos gases, "T" é a temperatura absoluta e "F" é a constante de Faraday.
Nas soluções salinas simples, se os potenciais padrão de dois metais estiverem próximos e se as sobretensões forem insignificantes, a alteração das actividades pode aproximar os potenciais de descarga. Um exemplo deste tipo é a eletrodeposição de ligas Sn-Pb a partir de soluções de fluoroborato.
Se os potenciais padrão variarem muito, a alteração das actividades dos iões metálicos não pode aproximar os potenciais de descarga. A melhor maneira de aproximar os potenciais de descarga de dois metais, que são depositados continuamente, é a geração de complexos fortes com iões metálicos. Isto pode provocar alterações não só nas actividades dos iões metálicos, mas também nas vias de deposição. Os agentes complexantes são selecionados de forma a diminuir a atividade dos iões do metal mais positivo em maior grau do que a atividade dos iões do metal menos nobre. É fundamental que a sobretensão do metal mais nobre seja superior à sobretensão do metal menos nobre. Entre os agentes complexantes utilizados na eletrodeposição de ligas, devem ser tidos em conta os cianetos, os pirofosfatos, o amoníaco, os fluoretos, os citratos, os tártaros, etc. Por vezes, a incorporação de compostos tensioactivos na solução reduz a taxa de redução dos metais mais nobres.
Para uma dada composição, as caraterísticas das ligas electrodepositadas variam das ligas preparadas metalurgicamente (termicamente), o que é um efeito das diferenças no processo de cristalização. As ligas electrodepositadas, com base no sistema, na composição e nas condições de eletrólise, podem denotar verdadeiras soluções sólidas, e podem consistir em fases dissimilares com vários compostos intermetálicos e na mistura de cristais de componentes puros (ligas de tipo eutéctico).
As estruturas de fase para as ligas de composição idêntica diferem com uma mudança nas condições de eletrodeposição. É evidente que as propriedades, incluindo a composição das ligas electrodepositadas, são medidas pelas condições de eletrodeposição.
As condições dominantes que determinam as propriedades das ligas electrodepositadas são classificadas como se segue:

- Componentes da solução de revestimento, que incluem a concentração dos metais a depositar, a concentração dos agentes complexantes, a concentração do eletrólito condutor, o pH, a concentração dos aditivos, etc,
- Condições de funcionamento, que incluem a densidade da corrente, a temperatura e a agitação do banho, o tipo de corrente (ou seja, constante, pulsante, inversa, etc.),
- Outros parâmetros, como a geometria da célula, a forma do cátodo, a espessura do depósito, a natureza do substrato, etc.

Todos estes parâmetros determinam de várias formas a composição e as propriedades das ligas electrodepositadas, o que, por sua vez, depende do sistema a revestir.

4.1 Sistemas de ligas por eletrodeposição

Brenner [1] classificou os sistemas de ligas por eletrodeposição nos cinco grupos seguintes:

- Composição regular de código
- Co-deposição irregular
- Co-deposição de equilíbrio
- Co-deposição anómala e
- Co-deposição induzida.

Os três primeiros tipos, ou seja, as codeposições regulares, irregulares e de equilíbrio, são conhecidos em conjunto como uma codeposição normal . Na codeposição de tipo normal, as proporções relativas de metais nas ligas electrodepositadas são previstas através dos potenciais de equilíbrio destes metais na solução. A codeposição de equilíbrio é uma verdadeira codeposição normal, enquanto as codeposições regulares e irregulares depositam metais mais positivos seletivamente. Na deposição selectiva, a proporção de metais na liga depositada é superior à proporção da concentração de iões metálicos na solução, como mostra a relação:

$$\frac{[A]}{[B]} > \frac{C_A}{C_B}$$

em que [A] e [B] são as concentrações dos metais A e B no depósito, e são as concentrações dos iões metálicos na solução.

A co-deposição regular envolve a deposição da liga em condições de controlo da difusão. Neste caso, a quantidade de metal mais nobre na liga aumenta à medida que a concentração total de iões metálicos na solução aumenta. Utiliza-se uma densidade de corrente reduzida e uma temperatura elevada. A co-deposição regular ocorre normalmente se os potenciais dos metais resultarem numa grande diferença e quando os metais não formam soluções sólidas. Exemplos normais de co-deposição regular consistem em Bi-Cu, Mn-Ni, Cd-Zn e Ag-Cu.

A co-deposição irregular ocorre em sistemas em que a deposição não está sob controlo difusivo. A deposição nestes sistemas depende de irregularidades nos potenciais dos metais em solução. Este tipo de deposição ocorre com metais que formam soluções sólidas, e quando a diferença de potencial dos metais que estão a ser depositados tem um valor menor. Exemplos típicos de co-deposição irregular são Cd-Cu, Cu-Zn, Sn-Zn, etc.

A codeposição de equilíbrio baseia-se na deposição, estando presente o equilíbrio entre ambos os metais de base. Este é um tipo único de deposição em que a proporção do conteúdo de metal no depósito (revestido a baixa densidade de corrente) é igual à sua proporção na solução. A deposição em equilíbrio ocorre raramente e apenas alguns sistemas de revestimento, como Cu-Bi e Pb-Sn (electrodepositados a partir de soluções ácidas) foram estudados. As ligas, que não estão em equilíbrio com os dois metais de base, são abrangidas por sistemas de galvanização regulares ou irregulares.

As co-deposições anómalas e induzidas são designadas em conjunto por eletrodeposição anormal de ligas. Um fator muito importante que influencia a composição e as propriedades das ligas galvanizadas dependentes de metais do grupo do ferro é a evolução simultânea do hidrogénio durante o processo de eletrodeposição. A maior parte do hidrogénio formado durante a eletrodeposição cria H_2 molecular que é removido da superfície do cátodo sob a forma de bolhas. Outra parte do hidrogénio é adsorvida na rede cristalina dos metais galvanizados. A quantidade de hidrogénio contida nos depósitos de ligas ferromagnéticas é de cerca de 0,45 at %. Frumkin afirmou que o hidrogénio pode ser infundido em soluções sólidas ou como fases de hidreto [2]. O tratamento térmico destes electrodepósitos resulta na privação do hidrogénio incorporado, contribuindo para a deformação da rede cristalina e alterando finalmente as propriedades do metal ou liga electrodepositada. No caso de efeitos electrocatalíticos na reação de evolução do H2, que serve para variar a composição da superfície de uma liga electrodepositada, pode dar origem a uma eficiência de corrente dependente do tempo para a deposição de metal com base na taxa de evolução do H_2. A reação de evolução do hidrogénio nos metais ocorre em duas etapas principais:

(i) Passo de descarga

$$H^+ + e^- \rightarrow H_{ads}$$

(ii) Etapa de recombinação-dessorção

$$H_{ads} + H_{ads} \rightarrow H_2$$

ou etapa de dessorção eletroquímica

$$H_{ads} + H^+ + e^- \rightarrow H$$

$$H_{ads} \rightarrow H_{incl.}$$

Por vezes, pode surgir uma terceira etapa que inclui a sorção no metal, especialmente nos metais de transição. Durante a galvanoplastia de ligas de metais do grupo do ferro (Fe, Co e Ni) a partir de soluções salinas simples ou complexas, o metal menos nobre é reduzido seletivamente e o seu teor relativo no depósito é superior ao presente no banho. Este fenómeno é designado por co-deposição anómala. A codeposição anómala é um dos fenómenos mais investigados, principalmente nas ligas Fe-Ni, devido às suas aplicações na indústria eletrónica como materiais magnéticos. Durante a galvanoplastia de ligas Fe-Ni, o metal menos nobre, o ferro, deposita-se favoravelmente e o seu conteúdo relativo no depósito da liga é superior ao da solução. A co-deposição anómala é notada na eletrodeposição de todas as ligas relacionadas com o grupo de metais do ferro (Fe, Co, Ni). Para além do Fe-Ni, outros exemplos incluem Co-Ni, Fe-Zn, Ni-Zn, etc.

Poucos elementos da tabela periódica não podem ser depositados isoladamente a partir de soluções aquosas (por exemplo, Mo, W, P e Ge). Estes elementos podem ser facilmente depositados em combinação com os metais do grupo do ferro. Este fenómeno é conhecido como codeposição induzida. Na codeposição induzida, o grupo de metais do ferro é aludido como metais indutores, enquanto o Mo, W e P são elementos relutantes. Um dos exemplos típicos de codeposição anómala é a eletrodeposição de ligas Ni-Fe.

Existem vários modelos na literatura que tentam descrever a natureza anómala da eletrodeposição de ligas Ni-Fe. Os primeiros modelos não receberam atenção suficiente. Dahms e Croll propuseram um dos modelos mais citados para a eletrodeposição de ligas de Ni-Fe em 1965 [3]. Este modelo parte do princípio que a evolução simultânea de hidrogénio durante a eletrodeposição provoca um aumento do pH perto da superfície do elétrodo. Este aumento do pH, como os autores supuseram, resulta na precipitação e adsorção de hidróxidos na superfície do elétrodo. O retardamento da libertação de iões Ni(II) foi pensado como resultado de um bloqueio dos iões Ni(II) pelo hidróxido de Fe(II), que é gerado em maior quantidade do que o hidróxido de Ni(II). Deste modo, postulou-se que o aumento da concentração de ferro se devia à adsorção e incorporação de $Fe(OH)_2$ no depósito de liga. De acordo com a hipótese de Dahms e Croll, a supressão da descarga de níquel ocorre a potenciais em que a redução de hidrogénio ultrapassa o seu limite de transporte de massa.

A literatura refere várias modificações do modelo baseado no hidróxido. Estes modelos estão frequentemente em conformidade com os dados experimentais, mas a sua legitimidade é decidida pela sua capacidade de simular os aspectos macroscópicos mensuráveis da deposição.

Embora a evolução simultânea do hidrogénio seja um parâmetro crucial que afecta as propriedades das ligas electrodepositadas, experiências posteriores provaram que é altamente improvável que esta reação possa provocar um aumento apreciável do pH perto da superfície do cátodo. Em vez disso, a co-deposição anómala tem lugar mesmo a baixas densidades de corrente, onde a reação de evolução do hidrogénio é trivial [4], e, por conseguinte, não pode conduzir a um elevado aumento do pH que possa causar a precipitação de hidróxidos de Fe(II).

Numa tentativa de explicar a co-deposição anómala, Matlosz colocou a hipótese de um mecanismo de reação em duas fases em que a cinética eletroquímica (em vez de química) é sublinhada [5]. Ao agrupar o mecanismo de reação em duas etapas para a redução eletroquímica da deposição de metais isolados, foi concebido um modelo de adsorção competitiva. Este mecanismo é bem descrito pelas reacções abaixo indicadas:

$$M(II) + e^- \rightarrow M(I)$$

$$M(I)_{ads} + e^- \rightarrow M$$

em que o símbolo M representa o Fe ou o Ni.

Os valores experimentais provaram que o níquel se deposita modestamente a baixo potencial de sobreposição. A deposição de níquel é abruptamente reprimida a uma polarização catódica específica e o processo de co-deposição não afecta a deposição de ferro. Este comportamento é provocado por uma maior cobertura superficial dos sítios de adsorção no elétrodo pelas espécies intermédias de ferro, o que corresponde bem ao modelo proposto. De acordo com este mecanismo, o pH próximo da superfície do cátodo desempenha apenas um papel secundário e não é a única condição necessária para a manifestação da co-deposição anómala. A concentração de hidróxido, na superfície do elétrodo, não afecta o mecanismo. A eletrodeposição de ligas de ferro a potenciais mais elevados pode ser evitada com uma redução do teor de Fe (II) na solução.

Com base em cálculos teóricos e observações experimentais, Vaes et al. afirmaram que a hidrólise do metal não tem um impacto significativo na codeposição anómala de ligas Ni-Fe [6].

Os investigadores propuseram uma série de mecanismos para a galvanoplastia de ligas Ni-Mo. Parece que o mais praticável é o mecanismo desenvolvido por Chassaing et al. [7]. Eles propuseram um mecanismo de duas etapas para a eletrodeposição de ligas de Ni-Mo, que pode ser mostrado como se segue:

Formação de MoO_2 que, na presença de Ni(II), resulta num óxido misto MoO_2Ni;

$$MoO_4^{2-} + H_2O + 2e^- \rightarrow MoO_2 + 4OH^-$$

$$MoO_2 + 4Ni^{2+} + 8e \rightarrow MoO_2Ni_4$$

Redução do MoO_2Ni_4 pelo hidrogénio com hidrogénio incluído, assim

$$MoO_4^{2-} + 3Ni^{2+} + (4+n)H \rightarrow MoNi^{3+} + 4OH + nH_{incl}$$

A evolução simultânea do hidrogénio durante a eletrodeposição de ligas Ni-Mo tem um efeito profundo nas propriedades destes depósitos. As ligas de Ni-Mo electrodepositadas apresentam o desenvolvimento de uma superfície de couve-flor morfologia, elevada área superficial, formação de vazios, buracos e fissuras e um gradiente na composição. É de notar que, em determinadas condições, também é possível a eletrodeposição de depósitos uniformes e sem fissuras.

As ligas electrodepositadas de metais do grupo do ferro são geralmente cristalinas. A co-deposição de P e B com os metais do grupo do ferro é substancial porque a inserção destes elementos no depósito deixa a sua marca na estrutura das ligas electrodepositadas. A combinação de fósforo no depósito da liga é fator necessário para a formação de ligas amorfas ou nanocristalinas [8].

Entre outros sistemas de revestimento de ligas que chamaram a atenção dos investigadores, destacam-se as películas multicamadas ou multicamadas moduladas por composição [9-11]. As multicamadas moduladas por composição com subcamadas distintas têm propriedades mecânicas, eléctricas, ópticas e magnéticas pouco frequentes e melhoradas em comparação com os metais puros. Exemplos destes sistemas são Cu-Ni, Cr-Ni, Cu-Co, Ag-Pd, etc. Utilizando a teoria do potencial misto, Landolt classificou a eletrodeposição de ligas nos seguintes grupos: (i) codeposição não interactiva, (ii) deposição acoplada por transferência de carga e (iii) deposição acoplada por transporte.

Na codeposição não interactiva, as correntes parciais não dependem umas das outras. Um exemplo comum deste tipo de codeposição é a eletrodeposição de ligas de níquel-cobre [12].

A deposição acoplada por transferência de carga é um tipo em que as correntes parciais estão associadas umas às outras. Este tipo de co-deposição é ainda classificado em dois subgrupos designados por co-deposição inibida e co-deposição catalisada.

Os exemplos típicos de co-deposição inibida são a eletrodeposição de ligas de zinco-níquel ou ferro-níquel. Este tipo é comparável à deposição anómala descrita por Brenner. A densidade de corrente parcial para a deposição do metal mais nobre, por exemplo, o níquel, durante a eletrodeposição da liga é muito menor em comparação com a densidade de corrente, quando este metal é revestido individualmente. Por outro lado, a corrente parcial para a metalização do metal menos nobre, por exemplo, o zinco, não é influenciada pela presença do níquel.

A deposição catalisada (classificação de Landolt) é muito semelhante à deposição induzida (classificação de Brenner). Exemplos desta co-deposição incluem a eletrodeposição de ligas Ni-Mo e Ni-W ou Ni-P.

Por último, a codeposição acoplada ao transporte de massa consiste em sistemas em que a borbulhagem simultânea de hidrogénio tem lugar durante a eletrodeposição de ligas (por exemplo, eletrodeposição de ligas Fe-Ni ou Zn-Ni). Em condições de evolução simultânea do hidrogénio em resultado do consumo de protões, um aumento local do pH baseia-se em fenómenos de transporte de massa e na capacidade de tamponamento do eletrólito, o que pode influenciar o mecanismo e a cinética da eletrodeposição de ligas.

A superioridade da classificação de Landolt sobre a de Brenner reside no facto de a primeira ter em consideração não só a termodinâmica, mas também a cinética da transferência de carga e o transporte de massa. No entanto, alguns sistemas como, por exemplo, a eletrodeposição de ligas Fe-Ni ou de ligas Zn-Ni, de acordo com a classificação de Landolt, podem ser incluídos na categoria de codeposição acoplada por transferência de carga ou acoplada por transporte.

Embora muitos sistemas de eletrodeposição de ligas pareçam ser semelhantes, existem diferenças importantes. Estas diferenças são o resultado de diferentes condições de eletrodeposição, que incluem a composição da solução e as condições de funcionamento. É evidente que é essencial mais investigação para avaliar a implicação de diferentes parâmetros para uma explicação completa das caraterísticas da eletrodeposição de ligas.

4.2 Efeito das variáveis de revestimento na composição da liga

A composição de uma liga galvanizada depende de um grande número de variáveis. Estas são identificadas como a variável da composição do banho, os parâmetros de funcionamento do banho e outras variáveis.

4.2.1 Variáveis da composição do banho

A composição de uma liga galvanizada é uma função do tipo e da concentração dos constituintes do banho envolvidos no banho de galvanização; estes são

a) Iões metálicos
b) Agentes complexantes
c) pH
d) Agentes de adição e
e) Presença de electrólitos indiferentes ou sais condutores

Efeito dos iões metálicos no banho

Durante a metalização de ligas, dois ou mais metais são depositados simultaneamente sobre o mesmo metal de base. A solução de banho inclui uma composição fixa de metais depositáveis. O depósito de liga obtido a partir destes banhos tem uma composição semelhante ou diferente da composição da solução do banho. Por conseguinte, a relação entre a composição de um depósito de liga e a concentração dos metais depositáveis no banho é muito importante no revestimento da liga. Esta relação básica é utilizada para diferenciar os cinco tipos de sistemas de revestimento de ligas. O desvio do teor de níquel ou ferro [13, 14] no depósito de liga Zn-Ni ou Zn-Fe com a % de Ni ou Fe na solução do banho é mostrado na Figura 4.1. A linha AB representa a linha de referência da composição (CRL). É utilizada como ajuda para compreender a relação entre a composição percentual da liga e a composição percentual do metal na solução de banho.

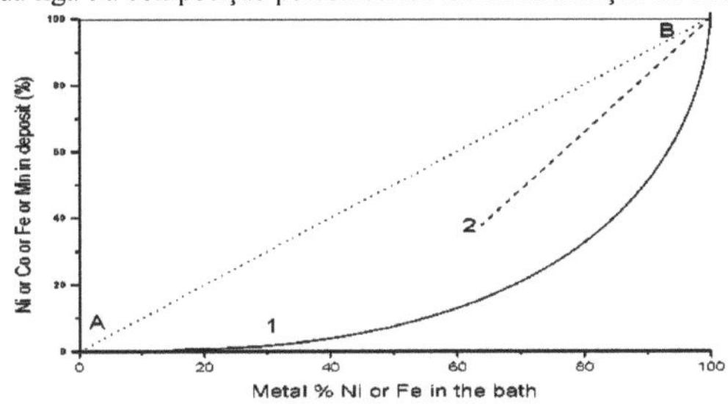

Figura 4.1 Relação entre a composição do depósito e a composição do banho em zonas anómalas co-deposição.

Curva 1 Ligas de zinco-níquel depositadas em banhos de sulfato; densidade da corrente: 0-5 Adm^{-2}, temperatura: 298 K.

Curva 2 Liga de zinco-ferro depositada em banhos de sulfato; densidade de corrente: 16-32 Adm^{-2}, pH: 1,7-2,3, temperatura: 323 K.

De qualquer modo, a curva de composição que se eleva acima do LCR torna claro que o teor de metal no depósito é superior à sua percentagem de metal no banho. Isto significa que este metal é depositado seletivamente.

Na codeposição normal, o metal mais nobre deposita-se seletivamente, pelo que a curva da percentagem do metal mais nobre num depósito se situa normalmente acima do LCR. Por razões semelhantes, a curva que demonstra a percentagem do metal menos nobre traçada contra a sua percentagem de metal no banho situa-se abaixo do LCR AB.

A caraterística importante da Figura 4.1 é que as curvas de composição para os metais nobres níquel e ferro estão presentes abaixo da linha de referência de composição AB. Isto mostra que eles não são preferencialmente depositados. Por conseguinte, a co-deposição mútua é anómala. O comportamento dos metais na deposição anómala é irregular e não é claro, tal como representado nas curvas apresentadas. Sob determinadas condições de densidade de corrente e temperatura, os metais podem depositar-se de forma normal e sob outras condições de forma anómala.

O desvio do metal relutante (tungsténio ou molibdénio) no depósito de liga Fe-W ou Ni-Mo com a percentagem de metal relutante (molibdénio ou tungsténio) na solução de banho está representado na Figura 4.2 para a codeposição induzida [15, 16]. A linha AB representa a CRL. Na Figura 4.2, a caraterística importante é que, para a codeposição induzida, a percentagem de metal relutante (tungsténio ou molibdénio) no depósito de liga Fe-W ou Ni-Mo não se aproxima de 100% com a sua percentagem de metal no banho, mas assume um valor limite algo mal definido. Os esforços para obter ligas com elevada percentagem de elementos relutantes resultaram em fracassos. À medida que a percentagem do metal relutante nos banhos aumenta, a eficiência da corrente catódica de deposição diminui até que a deposição finalmente pára. Por vezes, obtém-se um depósito flash fino, rico em metal relutante, mas estes depósitos não podem ser aumentados em espessura.

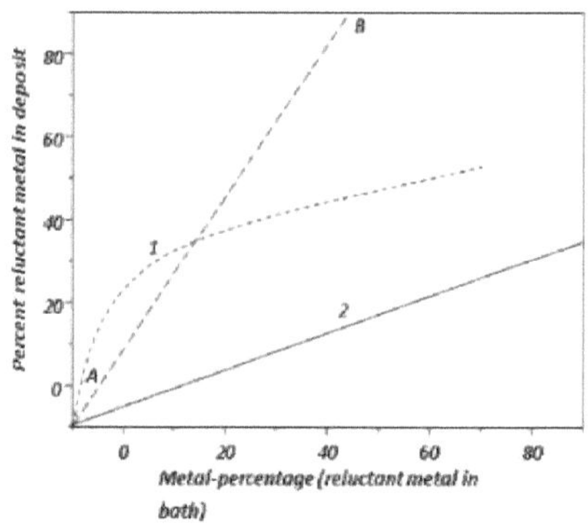

Figura 4.2 Relação entre a composição do banho e a composição dos depósitos no induzido co-deposição. Os elementos relutantes são o tungsténio e o molibdénio.

Curva 1 Ligas W-Fe depositadas a partir de banho ácido; pH: 2, densidade de corrente: 11 Adm^{-2}, temperatura: 371 K.

Linha 2 Ligas Mo-Ni depositadas a partir de banho amónico; pH: 10,5, densidade de corrente: 10 Adm^{-2}.

Efeito da concentração do agente complexante

A composição de uma liga galvanizada é influenciada pela concentração de agentes complexantes. Este é um fator importante para assegurar a co-deposição de metais. Uma concentração mais elevada de agente complexante tende a tornar os potenciais de deposição do metal muito negativos (menos nobres), dificultando a taxa de deposição do metal e diminuindo a percentagem deste metal no depósito. A dosagem do agente complexante afecta a composição da liga electrodepositada acima do ponto em que os iões simples são estequiometricamente transformados em iões complexos, devido à variação da concentração de agente complexante livre presente, o que altera o potencial de um elétrodo, de acordo com a lei da ação das massas. Uma grande quantidade de ligas galvanizadas é obtida a partir de banhos que consistem em metais no estado complexado. Os banhos que contêm iões complexos possuem um elevado poder de lançamento; produzem depósitos de grão fino, mais suaves e mais brilhantes; e permitem um revestimento ativo do metal por um metal mais nobre, evitando a necessidade do processo de imersão. Estes banhos têm metais com valores de potencial de elétrodo próximos. Os banhos de revestimento de ligas podem conter ambos os metais complexantes, que são formados a partir de um único agente complexante. Por vezes, são preparados banhos mistos de iões complexos, em que um dos metais de base se apresenta sob a forma de um ião simples e o outro sob a forma de um ião complexo ou em que os iões complexos de ambos os metais provêm de diversos tipos de agentes complexantes.

A adsorção do agente complexante ou dos seus produtos de degradação é talvez a causa fundamental das propriedades melhoradas das ligas. No entanto, por vezes, os agentes complexantes são fortemente adsorvidos no depósito, dando origem a depósitos frágeis, sob tensão e com fissuras. Os agentes complexantes são de menor importância para apoiar a co-deposição de metais mais activos, como o manganês e o crómio, juntamente com os metais mais nobres. Estudos típicos de deposição de metais a partir de iões complexantes foram descritos por Kramer [17].

Efeito dos agentes de adição

Os agentes de adição são utilizados no banho de revestimento de ligas para melhorar as propriedades do depósito. Diminuem o tamanho do grão e, assim, conferem suavidade e brilho ao depósito. A maioria dos aditivos inicialmente sujeitos a estudos eram materiais orgânicos de elevado peso molecular, como a gelatina, as proteínas e os extractos orgânicos. No entanto, o grande número de agentes de adição que têm sido sucessivamente utilizados não têm quaisquer caraterísticas químicas gerais. Podem ser caracterizados pela sua natureza orgânica ou inorgânica.

São utilizados agentes de adição em concentrações vestigiais e a sua influência nas caraterísticas das soluções de revestimento é mínima. Não alteram grandemente a viscosidade, a condutividade, o pH, a concentração de iões metálicos ou o potencial estático do elétrodo. Os aditivos fazem geralmente com que o potencial de deposição (ou os potenciais dinâmicos) dos metais atinja uma co-deposição quase mútua. Antigamente, os agentes de adição nos banhos de revestimento de ligas eram utilizados com a intenção de aumentar o brilho do depósito, como no caso da eletrodeposição de metais simples. Embora os agentes de adição em pequenas concentrações não afectem normalmente os potenciais estáticos dos metais, resultam num aumento da polarização associada à deposição.

A polarização, que na sua maioria segue a ação dos agentes de adição, pode ser considerada como desencadeada por uma alteração na natureza da superfície do cátodo como consequência da adsorção do agente de adição. No entanto, o papel preliminar do agente de adição é melhorar a polarização e melhorar as propriedades do depósito. Na maioria dos casos, os agentes de adição aumentam a polarização do cátodo, mas não afectam de forma significativa a polarização do ânodo. No entanto, os agentes de adição podem reduzir a polarização da deposição de metal, especialmente quando a deposição ocorre com uma polarização elevada.

O impacto dos agentes de adição nos constituintes das ligas electrodepositadas pode ser descrito com base na adsorção específica e selectiva dos agentes de adição em cada um dos metais durante a codeposição. A extensão da adsorção de uma fração por um metal depende de muitas variáveis, como a quantidade de agente de adição, a temperatura e o pH. A quantidade de agentes de adição tem um efeito apreciável na composição de uma liga, como demonstrado por Fink e Young [18] para a liga Zn-Cd.

Estes relatórios indicam que a associação entre a composição do depósito e a concentração do agente de adição varia em relação à dos agentes complexantes, tal como mencionado abaixo:

a. A concentração de um agente de adição necessária para produzir um impacto considerável é muito inferior à do agente complexante,
b. Com o agente de adição, a composição do depósito tende rapidamente para um valor limite. Os aditivos são eficazes nos banhos que contêm metais como iões simples.

Verifica-se também que a concentração de metais menos nobres no depósito aumentou com a introdução de agentes de adição no banho. O impacto dos agentes de adição é específico, apenas alguns agentes influenciam a composição do depósito e a magnitude da mudança na composição causada por diferentes agentes difere em maior medida. A concentração dos agentes de adição para provocar a co-deposição baseia-se na sua especificidade. Há casos em que um agente de adição aumenta de forma proeminente a polarização da deposição do metal mais nobre, mantendo intactos os potenciais de deposição do metal menos nobre. Os potenciais dinâmicos do metal mais nobre tornam-se próximos dos do metal menos nobre, tornando assim possível a co-deposição.

4.2.2 Variáveis dos parâmetros de funcionamento do banho

A composição de uma liga electrodepositada é proporcional às variáveis dos parâmetros de funcionamento do banho. Estes são: a) densidade da corrente, b) temperatura, c) agitação do banho e d) pH.

Efeito da densidade da corrente

A densidade da corrente é o principal parâmetro de revestimento e é sempre importante efetuar a investigação do revestimento de ligas com base nas alterações da composição da liga com a densidade da corrente. Foram efectuados inúmeros estudos para determinar o efeito da densidade da corrente na composição da liga [19]. O grau das variações na composição da liga que ocorrem devido à densidade da corrente é algo substancial para o tipo regular de codeposição e baixo para os outros tipos de sistemas de revestimento. No entanto, o resultado depende das propriedades específicas de cada sistema de revestimento de ligas. A relação entre a densidade da corrente e a composição da liga é uma função do controlo da difusão e do potencial catódico.

Durante o tipo regular de co-deposição, o aumento da densidade de corrente resulta num potencial catódico de valor negativo maior (metal menos nobre), o que aumenta novamente a concentração de metal menos nobre invariavelmente perto do seu valor limiar em comparação com o do metal menos nobre. Assim, as melhorias na densidade da corrente são necessariamente compensadas sobretudo pela aceleração da taxa de deposição do metal menos nobre. Nalguns casos, a concentração de metal na liga muda de máximo para mínimo à medida que a densidade da corrente é alterada.

Na codeposição anómala, a relação entre a composição da liga e a densidade de corrente é peculiar. As idiossincrasias altamente interessantes da codeposição anómala são observadas em relação à variação da densidade de corrente.

Durante a codeposição irregular, a relação entre a densidade da corrente e a composição da liga é complexa e geralmente aleatória, enquanto na codeposição induzida, a variação entre a composição do depósito e a densidade da corrente não é grande e não existe uma tendência constante do teor do metal relutante na densidade da corrente do depósito.

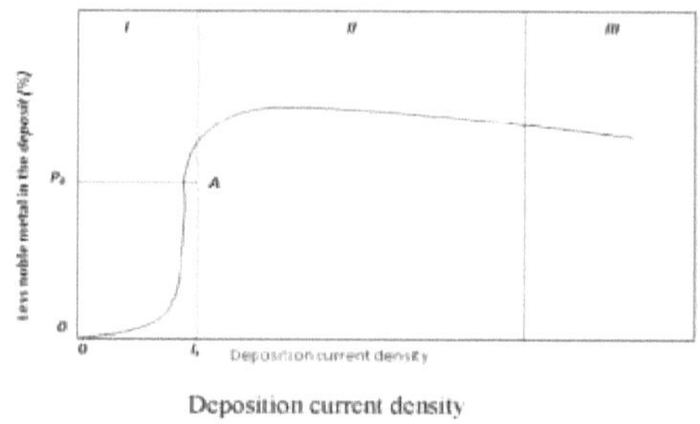

Figura 4.3 Um gráfico generalizado da composição da liga versus densidade de corrente para a codeposição anómala.

Um gráfico da composição da liga em função da densidade de corrente para a codeposição anómala é [20] representado na Figura 4.3. O gráfico tem três secções. Observa-se que na região I, a razão entre o metal menos nobre e o metal mais nobre é menor no depósito, em comparação com a sua razão no banho, pelo que a deposição não é anómala. Entre a região I e a região II, verifica-se uma mudança brusca na composição do depósito, uma vez que este rácio aumenta abruptamente no depósito de valores inferiores a P_B para valores superiores a P_B, que é a proporção do metal menos nobre no banho.

Relativamente à densidade da corrente de transição, a proporção de metal no banho e no depósito é igual. A densidade da corrente de transição é menor se as condições permitirem uma elevada depleção de metal na camada de difusão catódica, particularmente a baixas temperaturas ou nos banhos com baixo teor total de metal. Na região II, a concentração de metais menos nobres é maior na liga electrodepositada no banho, ou seja, assiste-se a uma natureza anómala. A composição do depósito sofre muito poucas alterações na região II. Quando a região II se estende por uma gama praticamente ampla de densidade de corrente, é possível uma latitude significativa na taxa de galvanização sem alteração substancial na composição do depósito. A densidades de corrente ainda mais elevadas, a deposição selectiva de metal menos nobre esgota-se mais na camada de difusão do cátodo do que a do metal mais nobre. A difusão é insuficiente para fornecer ao cátodo o metal menos nobre adequado para manter a composição do depósito (região II). Por conseguinte, na região III, o aumento da densidade da corrente provoca uma redução gradual da fração de metal menos nobre no depósito.

Efeito da temperatura

Na maioria dos casos, a temperatura tem uma influência profunda na composição da liga. O efeito da temperatura na composição das ligas electrodepositadas pode surgir devido ao resultado líquido de variações em diferentes propriedades do sistema de revestimento, tais como (i) potencial de equilíbrio, (ii) polarização, (iii) concentração, (iv) eficiência da corrente catódica, etc. Destas, a concentração e a eficiência da corrente catódica são as mais significativas.

(i) Potencial de equilíbrio

Os potenciais de equilíbrio dos metais variam mais em função da temperatura e, por conseguinte, a eletrodeposição está muito afastada das condições de equilíbrio.

(ii)Polarização

Os potenciais de deposição de metais nobres surgem com o aumento da temperatura, na medida em que a polarização é reduzida. A deposição do metal mais nobre ou menos nobre é uma consequência do grau de polarização. Estes efeitos são definitivos e, por isso, o efeito da temperatura, através da polarização, não pode ser determinado sem estimar experimentalmente os potenciais de deposição de cada um dos metais.

(iii) Concentração

Um aumento da temperatura actua no sentido de aumentar a concentração de iões metálicos na camada de difusão catódica, uma vez que a taxa de difusão e de convecção aumenta com a temperatura. Este mecanismo significativo favorece o impacto da temperatura na composição das ligas electrodepositadas e um aumento da concentração de iões metálicos na interface solução-cátodo aumentaria a elevada taxa de deposição do metal que está a ser revestido preferencialmente. Os sistemas habituais de revestimento de ligas apresentam uma deposição favorável de metais mais nobres.

(iv) Eficiência da corrente catódica (CCE)

No caso das ligas galvanizadas a partir de banhos de iões complexos, a temperatura pode ter um impacto indireto na composição da liga através do seu efeito no CCE. O CCE da metalização a partir destes banhos melhora com o aumento da temperatura.

O desvio da composição da liga com a temperatura no caso de codeposição anómala é muito complicado no que diz respeito à codeposição de metais do grupo do ferro [21]. A consequência da temperatura na codeposição anómala pode ser elucidada quantitativamente com base na polarização e no fenómeno de difusão. Quando a temperatura é aumentada, a polarização diminui e a taxa de difusão aumenta, resultando no enriquecimento do metal menos nobre no depósito. Estes dois efeitos opostos são responsáveis pelas tendências aparentemente inconstantes e bastante indeterminadas na composição da liga com a temperatura na codeposição anómala.

Na codeposição normal, o aumento da temperatura aumenta frequentemente o teor de metal mais nobre no depósito da liga. A influência da temperatura na composição das ligas não é tão fiável como a observada nos sistemas regulares de revestimento de ligas. Em contraste com as tendências inconsistentes da composição da liga com a temperatura na codeposição irregular e anómala, o impacto da temperatura na composição das ligas na codeposição induzida é bastante estável. O aumento da temperatura do banho aumenta geralmente a quantidade de metal relutante no depósito.

Efeito da agitação do banho

A agitação do banho ou a rotação do cátodo podem ter um efeito direto sobre a composição da liga, reduzindo a espessura da camada de difusão catódica. Trata-se de uma ação totalmente mecânica, que não altera as caraterísticas electroquímicas da solução nem o mecanismo do processo de deposição.

O efeito da agitação na composição do depósito deve-se à alteração da concentração na interface cátodo-solução. Quando ocorre a deposição de ligas, a camada de difusão do cátodo fica empobrecida em iões metálicos. A agitação do banho ou a rotação do cátodo diminui a espessura e serve para aumentar a concentração de iões metálicos na camada de difusão do cátodo. Também faz com que o rácio de metal na camada de difusão se aproxime mais do valor da solução no banho. A extensão da consequência da agitação na composição de uma liga galvanizada difere com o tipo de sistema de galvanização da liga [22].

Efeito do pH

O efeito do pH na composição de uma liga electrodepositada não é ambíguo. Em alguns banhos, o pH tem um efeito extensivo e noutros apresenta um efeito menor na composição do depósito. O que determina a influência do pH é a natureza química dos compostos metálicos.

O efeito do pH na composição da liga é normalmente importante quando a liga é revestida com um banho complexo. Os iões metálicos simples são moderadamente sensíveis às alterações do pH da solução do banho. Em contrapartida, a composição e a estabilidade de muitos complexos, tanto em soluções alcalinas como ácidas, dependem do pH. Em princípio, a alteração do pH deve ter um efeito menor na composição dos depósitos de ligas formados a partir de banhos constituídos por metais como iões simples e deve ter um efeito máximo na composição da deposição de ligas a partir de banhos em que os metais de base se complexam com constantes de estabilidade elevadas.

A influência do pH na composição das ligas no tipo de co-deposição induzida é mais complexa do que nos outros tipos de sistemas de ligas. A composição das ligas depositadas na codeposição irregular pode variar com o pH numa magnitude apreciável, uma vez que os banhos têm os metais como complexos. O efeito do pH na composição das ligas da codeposição regular é trivial, porque os banhos incluem os metais como iões simples.

4.2.3 Variáveis diversas

A composição da liga electrodepositada é também influenciada por alguns factores diversos que não são explicados nas variáveis de revestimento; estes são (a) eficiência da corrente catódica (b) geometria do objeto a revestir (c) natureza da superfície catódica (d) espessura do depósito (e) tipo de corrente eléctrica e (f) vibração ultra-sónica.

(i) Geometria do objeto revestido e dispersão da composição

Para a viabilidade prática das ligas electrodepositadas, espera-se que a composição da liga seja uniforme em toda a superfície do objeto. Esta uniformidade nem sempre se verifica, uma vez que a composição do depósito se baseia em muitos factores que não são constantes ao longo do objeto revestido. A densidade da corrente não é uniforme em toda a superfície de um objeto de forma irregular e podem ocorrer variações locais na agitação, na temperatura e na composição do banho em torno de um objeto. Assim, a composição de uma liga electrodepositada pode variar muito ao longo da superfície. A densidade da corrente contribui em grande parte para a não uniformidade da composição, uma vez que se altera ao longo da superfície de um objeto em maior grau do que as variáveis de revestimento.

A uniformidade da distribuição dos metais no depósito pode também ser considerada como um fator de poder de lançamento da composição [23]. A magnitude da distribuição da composição da liga galvanizada está claramente relacionada com o grau das vibrações na composição da liga provocadas pelas alterações nas condições de deposição. Assim, as ligas formadas nos tipos irregulares e anormais de codeposição apresentam uma menor dispersão da composição do que as galvanizadas em codeposição regular, uma vez que a composição das ligas de codeposição regular é menos afetada pelas condições de deposição. As propriedades da liga galvanizada, como a cor, o brilho, a resistência à corrosão, a dureza, etc., alteram-se significativamente com a composição [24].

(ii) Natureza da superfície do cátodo

Até à data, não existem estudos sobre o efeito das condições da superfície do cátodo na composição das ligas galvanizadas. No entanto, é possível fazer algumas observações a partir da literatura publicada. A natureza da superfície pode determinar uma série de propriedades do depósito, nomeadamente o aspeto, a adesão ao metal de base, a porosidade, a estrutura cristalina, a orientação do depósito inicial e a CCE. Kremann e colaboradores [25] relataram que as ligas Fe-Ni depositadas a partir de um banho de sulfato ácido continham mais níquel após a eletrodeposição sobre carbono do que sobre ferro. Brenner demonstrou que a sobretensão era mais elevada na deposição de ligas Bi-Cu a partir de banhos de perclorato. Hoar e Bucklow [26] reflectiram sobre o efeito da superfície catódica na deposição de ligas de Co-W.

(iii) Espessura do depósito

A composição de uma liga electrodepositada pode mudar em relação à espessura do depósito. Este estudo não foi realizado como parte de uma investigação abrangente e apenas alguns exemplos da variação da composição da liga com a espessura estão registados na literatura. Coats [27] observou que, na deposição de latão sobre aço a partir de um banho de cianeto, os depósitos de latão com uma espessura de 0,00007 cm (0,025 mil) tinham cerca de 2% mais zinco do que os depósitos com o dobro da espessura. O comportamento da composição do depósito de liga com a espessura é descrito tendo em conta a natureza da superfície original do cátodo e os fenómenos de difusão.

4.3 Propriedades das ligas galvanizadas

A galvanoplastia de ligas tem sido de interesse nos últimos anos devido à sua aplicabilidade prática na tecnologia industrial moderna. A utilização de ligas provou ser um benefício para uma variedade de campos científicos e de engenharia e, por sua vez, é demonstrado um maior interesse nas suas propriedades, tais como dureza, ductilidade, resistência à tração, resistência à corrosão, condutividade eléctrica, soldabilidade, soldabilidade, trabalhabilidade, capacidade de pintura, etc.

As propriedades mais importantes das ligas galvanizadas são:

a) Propriedades mecânicas: dureza, resistência à tração e ductilidade,
b) Tensão e densidade,
c) Propriedades eléctricas e magnéticas,
d) Aspeto da superfície,
e) Reatividade química,
f) Valor de proteção, e
g) Soldabilidade.

Propriedades mecânicas

As ligas galvanizadas apresentam valores de dureza superiores aos dos metais de base depositados individualmente. A dureza das ligas galvanizadas começa por aumentar rapidamente com a pequena adição de metal de liga e depois gradualmente. Algumas das ligas galvanizadas melhoram a sua dureza na ordem de várias centenas de pontos na escala de Vickers (número da pirâmide de diamante) quando devidamente tratadas termicamente.

Existe pouca literatura sobre as propriedades de resistência à tração e ductilidade das ligas galvanizadas. A resistência à tração de uma liga varia quase linearmente com a dureza, enquanto a ductilidade de uma liga varia inversamente com a dureza.

Tensão e densidade

As tensões são criadas nas ligas galvanizadas logo que estas são colocadas no cátodo. As tensões são normalmente determinadas utilizando a textura de uma folha ou tira galvanizada. As tensões nas ligas galvanizadas são do mesmo nível que as dos metais galvanizados de forma independente. No entanto, as tensões nas ligas produzidas são mais importantes do que as tensões nos depósitos dos metais individuais. Isto deve-se ao facto de as ligas galvanizadas serem normalmente menos dúcteis do que os seus metais de base. Consequentemente, as tensões internas podem ser facilmente aliviadas por distorção plástica do revestimento e, assim, é mais provável que ocorra fissuração. Os agentes orgânicos de adição, como a sacarina ou os ácidos dissulfónicos aromáticos, são vantajosos para reduzir a tensão no depósito de níquel brilhante e produzem um pequeno efeito na tensão das ligas Co-P galvanizadas. No entanto, os agentes de adição podem estar associados a alguns efeitos adversos, uma vez que são codepositados e, se os depósitos forem sucessivamente aquecidos acima de 673 K, a desintegração das inclusões orgânicas tem um efeito desfavorável nas propriedades mecânicas e físicas dos depósitos.

A variação da densidade de uma liga galvanizada durante o tratamento térmico é de grande interesse porque permite estimar o teor de inclusões no depósito. Um depósito que contenha um elevado teor de agentes de adição sofre uma expansão durante o aquecimento, porque a sua degradação liberta gases que tornam a estrutura porosa. Tubos electroformados de liga de Co-W, incluindo inclusões, expandiram-se até 2% após serem aquecidos a 1273 K [28]. A maior expansão foi observada nas ligas depositadas a partir de banhos com concentrações mais elevadas de hidroxiácidos orgânicos.

Propriedades eléctricas e magnéticas

i) Resistividade eléctrica

A resistividade eléctrica da liga galvanizada é normalmente melhorada pela adição de pequenos teores de outros elementos. A liga Ni-P galvanizada apresenta um aumento da resistividade devido à presença de ligas de níquel com o elemento não metálico fósforo. O tratamento térmico da liga Ni-P electrodepositada a 1073 K reduziu a sua resistividade eléctrica. As resistividades iniciais das ligas Ag-Pb estão de algum modo relacionadas com o teor de chumbo do depósito [29]. A resistividade da prata foi afetada de forma mínima pela temperatura do tratamento térmico.

ii) Propriedades magnéticas

As ligas magnéticas galvanizadas encontram amplas aplicações em blindagens magnéticas, dispositivos de memória para computadores e fitas de gravação. De acordo com Zentner [30], as fitas de gravação magnética envolvem ligas galvanizadas que possuem uma elevada força coerciva para a permanência e resolução da informação gravada e uma elevada indução residual para uma boa intensidade de sinal. De acordo com Colner [31], a força coerciva é proporcional à ação da fita de gravação a altas frequências e a indução residual está relacionada com o desempenho a baixas frequências. Nas últimas décadas, a galvanoplastia de filmes de ligas metálicas para unidades de memória é utilizada em computadores electrónicos.

As ligas magnéticas electrodepositadas são formadas por revestimento da solução de liga num campo magnético. As ligas Ni-Fe contendo 78% de níquel e 18% de ferro são mais atractivas para utilização em unidades de memória de alta velocidade de computadores. As propriedades magnéticas da película diferem com a espessura. Um aumento da espessura da película pode proporcionar as influências necessárias de redução da força coerciva e de aumento da quadratura do ciclo de histerese, mas tem o efeito negativo de diminuir a velocidade de resposta a um campo magnético.

Numerosas variáveis influenciam as propriedades magnéticas do revestimento, para além da composição e da espessura do depósito. As condições de deposição, que podem não afetar a composição do depósito, podem ter um efeito nas propriedades magnéticas. As propriedades magnéticas são influenciadas pela rugosidade do substrato, nomeadamente, o tamanho dos cristais, a estrutura e a tensão no depósito. Wolf e colaboradores [32] investigaram o efeito da espessura do substrato da película e a sua anisotropia magnética nas caraterísticas magnéticas das ligas. Reimer [33] relatou a consequência da espessura e da composição da liga nas propriedades magnéticas e também estudou os revestimentos com um microscópio eletrónico. As propriedades magnéticas das ligas Fe-Ni com cerca de 95% de ferro foram examinadas por Tsu [34]. O efeito da espessura e da composição do depósito nas propriedades magnéticas foi também discutido.

Aspeto da superfície de ligas electrodepositadas

O acabamento de uma superfície metálica é um derivado da sua propriedade de reflexão e cor. Um dos principais objectivos da galvanoplastia é conferir às superfícies de metais mais baratos um aspeto decorativo ou mais brilhante. Embora os revestimentos possam ser aparentemente efectuados para proteger objectos contra a corrosão, a razão fundamental é a preservação de uma superfície metálica decorativa e não a prevenção do enfraquecimento estrutural por corrosão.

O banho de latão tem sido aplicado em grande medida em ferragens de aço pela sua agradável cor amarela e não pelo seu valor protetor. As ligas de ouro galvanizadas de várias tonalidades são comuns no comércio de jóias. A liga de Co-Ni tem uma cor branca mais brilhante do que qualquer uma das suas parentais.

Reatividade química

A reatividade química e a corrodibilidade de uma liga são superiores às do seu constituinte mais nobre e inferiores às do seu constituinte mais básico. Neste aspeto, as ligas galvanizadas não são diferentes das ligas metalúrgicas. A liga Ni-In é bastante mais escura do que o níquel, mas contém uma agradável tonalidade rosada.

Valor de proteção

A aplicação mais importante dos electrodepósitos, quer se trate de metais individuais ou de ligas, é proteger da corrosão outros metais, como o aço, o latão e o zinco. Por conseguinte, os estudos sobre as propriedades químicas das ligas galvanizadas centram-se na resistência à corrosão e ao embaciamento das ligas anexadas com especial importância. A reatividade química de uma liga binária situa-se entre a dos seus constituintes. A resistência à corrosão das ligas seria mais fraca do que a do seu constituinte mais nobre. Isto seria correto se as ligas fossem utilizadas a granel, mas quando utilizadas como depósitos, a sua reatividade química é apenas um dos muitos factores que decidem a sua aplicabilidade como revestimento protetor.

Soldabilidade

A soldabilidade de um revestimento refere-se a uma propriedade composta, que não é comummente medida ou expressa. De acordo com Lowenheim e Gore [35], não existe uma resposta popular sobre o que estabelece uma boa soldabilidade, e esta propriedade, até certo ponto, está sujeita às condições de fabrico. A soldabilidade engloba as propriedades físicas e químicas do metal. Não há dúvida de que o requisito preliminar é o baixo ponto de fusão, mas, em seguida, o metal deve ter a resistência adequada para fazer uma ligação forte. Quimicamente, deve sofrer oxidação gradual para que a sua soldabilidade não seja enfraquecida pelo armazenamento, e o óxido tem de ser facilmente reduzido por fluxos orgânicos. Outras preocupações com a soldabilidade de um revestimento são: a capacidade do depósito fundido de molhar e fluir sobre o metal de base; a liga do depósito com o metal de base e a espessura do revestimento.

A indústria eletrónica utiliza a soldadura com fluxos sem ácido, como a colofónia, para evitar dificuldades que possam surgir devido à corrosão. Para facilitar a soldadura a um chassis, este é normalmente revestido com cádmio. No entanto, como o cádmio é mais caro, os investigadores estão a tentar substituí-lo por estanho ou ligas de estanho, como Pb-Sn, Zn-Sn ou Cd-Sn, como substitutos.

4.4 Estrutura das ligas electrodepositadas

O meio mais importante de examinar a estrutura das ligas galvanizadas é através da utilização de raios X. Os estudos de raios X confirmaram que as ligas galvanizadas são verdadeiras ligas, com estruturas semelhantes às das ligas fabricadas termicamente. Um método completo de tratamento da estrutura das ligas foi concebido por Barret [36]. Os átomos de cada metal sólido ou liga homogénea estão organizados numa estrutura tridimensional caraterística com um padrão específico. Cada uma das diferentes fases, que podem ser criadas por dois metais, tem um tipo diferente de estrutura. Nos limites da gama de composição da liga, estas estruturas correspondem às dos metais de base. As fases nas gamas médias de composição da liga podem conter células unitárias muito complicadas com muitos átomos.

A composição de uma fase de liga abrange normalmente uma vasta gama. Dentro deste limite, a liga pode possuir uma composição em que os metais seguem uma proporção estequiométrica definida. Esta composição específica é, portanto, chamada de composto intermetálico. Nakamura [37] foi o primeiro a investigar as fases presentes nas ligas galvanizadas por difração de raios X. Nos últimos anos, Aotani [38] realizou um trabalho muito amplo sobre a estrutura das ligas electrodepositadas.

As variações que podem ocorrer entre as estruturas das ligas electrodepositadas e as ligas sintetizadas termicamente são enumeradas a seguir:

(a) As fases da liga electrodepositada podem distribuir-se por uma gama muito mais vasta do que a da liga preparada termicamente
liga. Estas fases são frequentemente soluções sólidas que contêm uma boa quantidade de cada um dos metais de base.

(b) O intervalo de ocorrência de uma determinada fase pode ser menor na liga galvanizada. No extremo caso, uma fase que existe na liga térmica pode estar ausente, ao contrário das observadas na liga electrodepositada.

(c) As fases da liga electrodepositada e da liga fabricada termicamente podem variar em relação à temperatura a que são preparados.

(d) Os parâmetros de rede dos metais codepositados ou das suas fases podem ser ligeiramente diferentes de
os da liga de fundição. Em muitos casos, é difícil prever com convicção este facto devido ao alargamento da linha.

Uma grande quantidade de informação estrutural da liga galvanizada pode ser encontrada a partir da investigação dos parâmetros da rede das suas fases. Quando um metal de liga substitui os átomos de outro metal na rede espacial deste último, o parâmetro de célula deste último altera-se. Muitas vezes, varia provavelmente de forma linear com a proporção de átomos do metal de substituição. Este facto é conhecido como a lei de Vegard. Mas existem discrepâncias em relação a esta lei que são registadas na literatura [39].

A estrutura da liga electrodepositada, especialmente os tipos e tamanhos das fases presentes numa liga de composição particular, não é exacta e reprodutível como a estrutura da liga fabricada termicamente e pode mudar dependendo das condições de deposição. Os pormenores da variação da estrutura de uma liga electrodepositada em função das condições de revestimento foram publicados em 1947 por Raub e Wulliorst [40] no seu trabalho sobre ligas Ag-Cd. Ainda Well e colaboradores [41] examinaram o impacto da densidade da corrente e da temperatura do banho de revestimento na estrutura das ligas de Cd-Ag electrodepositadas. Os depósitos adquiridos com densidades de corrente mais baixas eram mais uniformes. Os depósitos formados a densidades de corrente muito baixas ou muito altas eram escuros e pulverulentos. Banerjee [42] mostrou que a formação de latão a um potencial constante em vez de a uma densidade de corrente constante produziu ligas com maior uniformidade no que respeita às fases.

A microestrutura das ligas electrodepositadas é, em muitos aspectos, semelhante à dos metais depositados separadamente, com uma dimensão de grão inferior à das ligas fabricadas por tratamento térmico e com maior frequência de laminações paralelas ao metal de base. Uma liga galvanizada tem um tamanho ainda mais pequeno do que o dos seus metais de base, que são depositados separadamente.

A variação da microestrutura de uma liga galvanizada baseia-se na temperatura do tratamento térmico. No tratamento térmico, os metais individuais da liga tornam-se igualmente solúveis para produzir as soluções sólidas de equilíbrio. Estas alterações na microestrutura e na estrutura interna são seguidas de variações nas propriedades físicas e mecânicas. As temperaturas e os períodos de aquecimento necessários para equilibrar a estrutura das ligas super saturadas galvanizadas são menores do que os necessários para as ligas térmicas sem equilíbrio.

O diagrama de fases para a liga Zn-Ni envolve uma série de fases intermédias. Estudos de ligas de Zn-Ni fabricadas pirometalurgicamente em equilíbrio a baixas temperaturas têm geralmente produzido restrições de fase semelhantes [43]. A diferença entre os confinamentos de fase observados na liga Zn-Ni preparada por tratamento eletroquímico e por tratamento térmico tem sido abordada por muitos trabalhadores [44]. A liga Zn-Ni preparada por tratamento térmico consiste em fases intermetálicas tais como a, p^1, y^1, y, 8 e ^ enquanto que as ligas Zn-Ni galvanizadas não contêm a fase p^1 e assume-se que a energia de formação necessária para a rede p^1 é superior à da rede y, criando um potencial mais negativo para a fase p^1. Lustman avaliou a microestrutura dos depósitos de ligas Zn-Ni e provou a presença da fase a, uma solução sólida de zinco em níquel a baixas densidades de corrente. A estrutura de fases da liga Zn-Ni electrodepositada a partir de um banho de sulfato ácido foi investigada por difração de raios X [45]. O diagrama de fases da liga Zn-Ni indica a presença de fases intermetálicas como ^ (hexagonal), 8 (FCC), y (BCC) e a (BCC). A liga Zn-Ni com baixo teor de zinco apresenta uma solução sólida de zinco em níquel, ou seja, fase a, enquanto os depósitos de liga ricos em zinco exibem fases intermetálicas como ^, 8 e y e a ausência das fases P1 e y^1 foi observada. As ligas Zn-Ni electrodepositadas incluem estruturas metaestáveis e as fases individuais co-ocorrem em grandes intervalos de composição. São elas: ^ (89-100% Zn), y (13,5-84,5% Zn), 8 (75,5-89% Zn) e a (0-62,5% Zn).

A estrutura de uma liga Zn-Fe galvanizada é muito complicada. O diagrama de fases da liga Zn-Fe preparada termicamente foi documentado em trabalhos anteriores [46]. As estruturas de fase da liga Zn-Fe galvanizada a partir de um banho de sulfato ácido foram elucidadas com a ajuda da difração de raios X. O diagrama de fases da liga Zn-Fe indica a presença de várias fases intermetálicas como ^ (hexagonal), y (BCC), a (BCC), y^1 (FCC) e 8 (hexagonal). Muitos investigadores identificaram a presença da fase 8. A liga Zn-Fe com baixo teor de zinco apresentou uma solução sólida como a fase a, enquanto o depósito da liga rica em zinco apresentou fases intermetálicas como ^ e y. A liga Zn-Fe recozida a 533 K apresentou as fases a, y, ^, y^1 e 8. As ligas de Zn-Fe electrodepositadas têm estruturas metaestáveis e as fases individuais ocorrem em conjunto numa vasta gama de composições. São elas ^ (100-93% Zn); y (79-20% Zn); y^1 (93-74% Zn) e a (60-0% Zn).

Os estudos de difração de raios X mostraram que a estrutura de fase dos depósitos de liga Zn-Co era determinante para a densidade de corrente aplicada. A fase Co_5Zn_{21} foi gerada a baixa densidade de corrente, enquanto a fase $CoZn_{13}$ surgiu a alta densidade de corrente. A solubilidade potenciodinâmica dos revestimentos significava que continham uma liga de Zn-Co de conteúdo e estrutura diversos [47].

Muitos autores concluíram que a liga Zn-Mn é resistente à corrosão [48]. Esta conclusão baseia-se no desenvolvimento de y-Mn_2O_3 na superfície, um processo que é suscetível de ocorrer com uma maior concentração de Mn. Este óxido dificulta a redução catódica do oxigénio, enquanto a taxa de corrosão começa a diminuir. As ligas Zn-Mn com teor de manganês até 10-11 wt% também revelam uma capacidade de proteção superior.

A estrutura cristalina e a composição de fases destes depósitos não foram muito estudadas [49]. Alguns autores afirmam que predomina a fase 8 (rede cúbica de corpo centrado) na gama de 20-30% em peso de Mn, enquanto as ligas de Zn-Mn (30-60%) exibem simultaneamente as fases 8 e y (FCC). A última leva a mais de 60 wt% de Mn [50].

Na literatura, são raros os dados sobre revestimentos galvânicos galvanizados que contenham até 15-20 wt% de Mn. No diagrama de fases das ligas metalúrgicas de Zn-Mn estão estabelecidas as fases y, £ e 81 [51, 52] - também conhecidas pela fórmula MnZn7 - têm uma estrutura hexagonal com 550 ± 8 átomos na célula elementar e são isoestruturais com a fase correspondente da liga Fe-Mn. A fase ^ (MnZn13 = 92,86 at.% Zn) é monoclínica [53].

4.5 Eletrodeposição de ligas de zinco

O zinco é estabelecido como um metal industrialmente importante devido à sua capacidade de fazer um revestimento de sacrifício no aço. O zinco corrói seletivamente e protege o aço contra a corrosão. Os revestimentos de zinco puro proporcionam um certo grau de proteção do substrato num ambiente de corrosão extrema, mas gastam-se rapidamente. Por conseguinte, é preferível o zinco com maior espessura. Os revestimentos espessos não são rentáveis e criam problemas na moldagem e soldadura dos painéis da carroçaria. Com efeito, nas últimas décadas, as indústrias automóvel e da construção começaram a procurar substitutos para os revestimentos de zinco, como os revestimentos de ligas de zinco. As ligas de zinco, tais como Zn-Ni, Zn-Fe, Zn-Co e Zn-Mn, suportam um ambiente corrosivo, mas isso acontece a uma taxa muito menor do que a do zinco, que teria enormes quantidades de produtos de corrosão associados.

O zinco-níquel e o zinco-ferro electrodepositados com concentrações mais baixas de níquel e ferro, respetivamente, são benéficos no sentido em que oferecem uma dureza relativa, melhor proteção contra a corrosão do aço e melhores propriedades mecânicas do que os revestimentos de zinco convencionais. As propriedades funcionais das ligas de zinco galvanizadas estão associadas à sua composição química e estrutura nas micro e nanoescalas.

As ligas de zinco podem proporcionar mais de 1000 horas de proteção contra a névoa salina. A indústria automóvel utiliza predominantemente ligas de Zn-Ni, Zn-Co, Zn-Mn e Zn-Fe para chapas de aço electrogalvanizado pré-revestidas. Estas ligas são também utilizadas em componentes automóveis. As ligas de zinco electrodepositado têm muitas aplicações nas indústrias eletrónica, micromecânica e de acabamento de superfícies. A composição das ligas de zinco electrodepositadas é ditada pela cinética das reacções parciais do elétrodo. As ligas de zinco tornaram-se bem conhecidas em comparação com os depósitos de ligas de zinco devido ao seu elevado grau de proteção contra a corrosão e às suas propriedades mecânicas.

4.6 Soluções de banho de ligas

Para a galvanoplastia de ligas de Zn-Ni, Zn-Fe, Zn-Co e Zn-Mn foram identificadas várias soluções de banho. Estas soluções de banho variam consideravelmente tanto na sua composição como nas suas propriedades. Os banhos podem ser classificados basicamente como de natureza ácida ou alcalina. Os banhos ácidos são compostos por sulfato ou cloreto, muitas vezes ambos com uma parte de outros sais essenciais para a preparação de electrodepósitos de grão fino e suave. A maior parte dos estudos relativos às ligas de Zn foi efectuada com banhos ácidos compostos por sais simples de metais.

Os banhos de sulfato ácido são utilizados na galvanoplastia de ligas de Zn-Ni, Zn-Fe, Zn-Co e Zn-Mn, uma vez que são atractivos em termos de rentabilidade e segurança. Os banhos de sulfato têm frequentemente iões metálicos sob a forma de sulfatos, sais condutores como o sulfato de sódio, o sulfato de alumínio, o sulfato de amónio e um sal tamponante (o ácido bórico é normalmente utilizado). O CTAB e o EDTA são agentes complexantes frequentemente utilizados. Estes banhos funcionam a um pH de 3,0-4,5, a uma temperatura de 298 a 303 K e numa gama de densidade de corrente de 1-5 Adm^{-2}.

Os banhos de cloreto ácido das ligas Zn-Ni, Zn-Fe, Zn-Co e Zn-Mn são constituídos por sais metálicos como cloretos, sais condutores como NaCl, KCl, NH4Cl e ácido bórico como sal tampão habitual. O ácido ascórbico actua como estabilizador e como agente redutor. O oxalato de amónio e o ácido cítrico funcionam como agentes complexantes. Os banhos de cloreto são normalmente utilizados a pH 2-5, à temperatura de 298-328 K e na gama de densidade de corrente de 1 a 5 Adm^{-2}. Estas soluções de banho possuem uma boa eficiência da corrente catódica e uma boa potência de lançamento.

Os banhos de ácido sulfato-cloreto contêm sais metálicos como cloretos, sulfatos, sais condutores como NaCl, KCl e sais tamponantes como ácido bórico, ácido livre, acetatos. O oxalato de amónio e o ácido cítrico são utilizados como agentes complexantes. Os banhos funcionaram a pH 2-5,5, temperatura 298-333 K e na gama de densidade de corrente 1-5 Adm^{-2}. Estas soluções de banho têm um bom poder de lançamento e uma boa eficiência da corrente catódica.

Os banhos alcalinos da liga de Zn incluem sais metálicos como óxidos, sulfatos e substâncias condutoras como o NaOH. O ácido ascórbico desempenha o papel de estabilizador. O EDTA é utilizado como agente complexante. Estes banhos são normalmente utilizados a uma temperatura de 298-303 K. Estas soluções de banho contêm um bom poder de lançamento e uma boa eficiência da corrente catódica.

Muitos banhos mistos de revestimento de ligas de Zn estão também na moda. Os depósitos de ligas de Zn são desenvolvidos utilizando banhos de pirofosfato [54], sulfato-sulfonato [55], acetato [56], sulfonato, fluroborato [57] e álcool [58]. Os depósitos de ligas de zinco que contêm banhos de pirofosfato, acetato [59] e sulfato-acetato [60] foram objeto de alguma consideração. No entanto, estes banhos são bastante dispendiosos e apresentam muitos problemas de funcionamento.

4.7 Abrilhantadores de ligas

A natureza e a concentração do branqueador utilizado na eletrodeposição de ligas é função de muitas variáveis de revestimento como a densidade de corrente, a composição do banho, o pH, etc., para a eletrodeposição de ligas Zn-Ni, Zn-Fe, Zn-Co e Zn-Mn a partir de diferentes banhos, é utilizado um grande número de compostos orgânicos e inorgânicos como branqueadores. A avaliação experimental dos branqueadores revelou que deve ser estabelecido um novo sistema de branqueadores para obter aceitabilidade comercial.

4.8 Revestimento de liga Zn-Ni

A combinação de ligas Zn-Ni galvanizadas tem sido uma escolha popular anteriormente para uma melhor proteção contra a corrosão do aço em comparação com os revestimentos electrogalvanizados. Recentemente, tem sido dada especial atenção à comercialização destes revestimentos de ligas em .

Antes de 1900, as ligas de Zn-Ni produzidas por tratamento térmico eram utilizadas como revestimento protetor do aço. O sucesso comercial do revestimento por difusão mostra a aplicação de revestimentos de Zn-Ni por eletrodeposição.

A liga Zn-Ni foi utilizada na eletrodeposição comercial em 1905 por Jacobs [61] utilizando um sistema de eléctrodos bimetálicos, sem mencionar muitos dados relativos à composição do banho e às condições de revestimento. Schoch e Hirsch, em 1907, descobriram com sucesso uma eletrodeposição da liga Zn-Ni a partir de um banho de sulfato, sendo este o primeiro estudo relatado sobre a deposição da liga. King [62] afirmou que os depósitos de liga Zn-Ni com 10-15% de níquel sobre o aço podiam proporcionar bons revestimentos protectores. Está provado que a camada de liga acompanhada por um depósito de níquel proporciona uma melhor ação protetora do que os revestimentos de níquel de espessura semelhante [63]. Esperava-se que a eletroquímica do zinco e do níquel proporcionasse uma deposição mais rápida do níquel do que do zinco. Mas a maioria dos banhos estabelecidos citados na literatura revelou a deposição de zinco em maior quantidade do que a de níquel.

Em meados da década de 1960, foram encontrados resultados seguros para a proteção do aço por Zn-Ni eletrolítico. Os depósitos com 10-20% de níquel apresentam as caraterísticas protectoras e mecânicas mais promissoras. A sua capacidade de resistência à água do mar e à humidade é superior à do revestimento de zinco [65].

A atividade das ligas Zn-Ni é reduzida e estas apresentam uma velocidade de corrosão inferior à do zinco. O mecanismo de proteção dos revestimentos de ligas Zn-Ni tem sido objeto de um amplo estudo [66]. Estes depósitos actuam inicialmente de forma sacrificial e perdem lentamente a sua natureza sacrificial.

Os depósitos de Zn-Ni são predominantemente utilizados como revestimentos para aumentar a resistência à corrosão das carroçarias de aço dos automóveis e em muitas aplicações, como a eletrólise da água [67], o revestimento de cordões de aço para reforço de pneus [68] e na indústria eletrónica [69]. As ligas Zn-Ni são consideradas como um substituto viável do cádmio para a galvanização de peças de aço de aeronaves e comerciais [70]. O interesse em estudos sobre ligas Zn-Ni galvanizadas aumentou significativamente nas últimas décadas, devido ao aumento dos requisitos de corrosão, custos de produção e problemas de poluição. Atualmente, estas ligas continuam a ser de grande importância como possíveis substitutos do zinco e do cádmio e apresentam melhores caraterísticas físicas, electroquímicas e de resistência à corrosão do que os revestimentos de zinco e cádmio puros.

4.8.1 Mecanismo de revestimento de ligas Zn-Ni

O processo de revestimento da liga Zn-Ni comporta-se normalmente a baixas densidades de corrente, mas torna-se anómalo após uma determinada densidade de corrente de transição. A densidade de corrente de transição depende de diferentes parâmetros, por exemplo, a natureza do eletrólito, o anião, a temperatura, a concentração de iões de níquel, a relação de concentração níquel/zinco, o substrato do elétrodo e a agitação do eletrólito. Os trabalhos anteriores [71, 72] consideraram, na sua maioria, que a criação de uma película de óxido ou hidróxido do metal menos nobre é a razão importante da co-deposição anómala.

De acordo com Brenner, a galvanoplastia da liga Zn-Ni é uma codeposição anómala, dado que o zinco, metal electroquimicamente menos nobre, é depositado seletivamente. Dahms estudou o desenvolvimento de hidróxido de ferro, cobalto e níquel no elétrodo de mercúrio em gota e afirmou que a codeposição anómala de Fe e Ni se deve à adsorção de Fe(OH)2. Nicol e Philip [73] propuseram que a deposição sob potencial do componente menos nobre no substrato da liga poderia resultar em deposição selectiva, mas este modelo não foi bem recebido porque a deposição anómala ocorre normalmente na região de deposição sob potencial [74]. Swathirajan [75] demonstrou que a deposição anómala é causada basicamente por dois factores. Estes são os impactos do potencial do elétrodo na deposição de diferentes fases de Zn-Ni a partir do mesmo eletrólito e os efeitos do zinco depositado sob potencial na polarização para a deposição de níquel.

Recentemente, Roev et al [76] propuseram uma nova caraterística para a codeposição aliada Zn-Ni. A codeposição anómala ocorre devido a caraterísticas cinéticas de libertação simultânea de Ni(II) e Zn(II) sob controlo de ativação. Mirand et al [77] investigaram o mecanismo da liga Zn-Ni a partir de curvas de polarização. A deposição anómala das fases ricas em zinco Y e S ocorre a altas polarizações catódicas, sendo a deposição de níquel dificultada e a de zinco potenciada. Em baixas polarizações, são gerados depósitos ricos em níquel.

Fukushima et al defenderam que a formação de depósitos de níquel é impedida por uma fina camada de Zn(OH)2 formada devido a um aumento do pH na superfície provocado pela evolução do hidrogénio durante o processo de deposição. Jin e Selman [78] sugeriram, com base em voltamogramas cíclicos e cronoamperogramas, que a interação dos núcleos de níquel e zinco e a co-deposição de hidrogénio são as principais razões para a deposição preferencial de zinco. Mathias e Champamann [79] afirmaram, a partir de um modelo cinético eletroquímico, que a constante de velocidade para a deposição de zinco é muito maior do que a da deposição de níquel. Chassaing e Wiart [80] sugeriram, a partir de estimativas de impedância durante a deposição de ligas, que um intermediário misto de $(Ni\text{-}Zn)^{+}_{ads}$ assume um papel vital na deposição preferencial de zinco. Starret e Muller [81] examinaram o filme de liga Zn-Ni depositado por XRD, SEM e XPS e sugeriram que o filme era composto por zinco metálico, níquel e produtos de dissolução de zinco, demonstrando uma estrutura de três camadas. Na primeira camada (a interface electrolítica da película), o zinco estava presente numa região de transição onde o teor de zinco metálico aumentava e o de oxigénio diminuía até se atingir uma composição constante. A terceira camada estava situada na película a granel e era predominantemente constituída por uma liga de Zn-Ni de fase a dopada com hidróxido de zinco. Hayashi e Goto [82] indicaram que a codeposição anómala de Zn-Ni se deve à precipitação preferencial de $Zn(OH)_2$ no cátodo e à restrição da deposição de níquel.

Ohtsuka e Komari [83] pesquisaram a formação da camada inicial de depósitos de zinco, níquel e Zn-Ni no banho de sulfato pelo método de elipsometria situ e afirmaram que a deposição de zinco começa na região UPD (under potential deposition) mais positiva em 0,5V e depois no potencial redox de Zn^{2+}/Zn, enquanto que a UPD notável de níquel não pode ser detectada. A fina monocamada de zinco criada na região UPD suprime o processo de crescimento da nucleação do níquel. A camada fina de zinco semelhante pode ser prevista na camada de deposição da liga Zn-Ni em crescimento; assim, assume-se que a deposição preferencial de zinco na formação da liga Zn-Ni é provocada pela repressão do crescimento de núcleos de níquel devido à camada fina de zinco na liga Zn-Ni depositada. Pushapavanam e Balakrishnan [84] fizeram estudos sobre a deposição preferencial de zinco na camada fina preliminar da liga Zn-Ni através da técnica de voltamogramas cíclicos e sugeriram que durante a deposição da liga Zn-Ni, os iões de zinco são preferencialmente adsorvidos a uma taxa mais elevada do que os iões de níquel, cuja taxa de redução é também uma função da codeposição de hidrogénio. A potenciais mais elevados, ambos os iões podem interagir formando uma camada $(Zn\text{-}Ni)_{ads}$, através da qual se depositam como liga.

A composição da liga Zn-Ni é determinada pelo número de sítios ocupados por cada ião. Subsequentemente, o mecanismo de deposição da liga Zn-Ni é suscetível de ser o seguinte:

$$(Ni-OH)^{+}+e^{-}\rightarrow(Ni-OH)_{ads}$$

$$(Ni-OH)_{ads}+e\ \rightarrow Ni+OH$$

$$H_2O\rightarrow H^{+}+OH^{-}$$

$$Ni^{2+}+OH^{-}\rightarrow(Ni-OH)^{+}$$

$$Zn^{2+}+OH\ \rightarrow Zn(OH)^{+}$$

$$Zn(OH)^{+}+e\ \rightarrow(ZnOH)_{ads}$$

$$(NiOH-ZnOH)_{ads}+e^{-}\rightarrow NiZn+2(OH)^{-}$$

4.8.2 Branqueadores de ligas Zn-Ni e técnicas

Para a eletrodeposição de ligas de Zn-Ni a partir de banhos de sulfato, cloreto, cloreto de sulfato e alcalinos, foram utilizados sistemas e branqueadores distintos. A Tabela 1.6 demonstra a composição do banho, os branqueadores, as técnicas e as condições de funcionamento produzidas para ligas de Zn-Ni a partir de um banho de sulfato [85-102]. Os branqueadores utilizados são geralmente compostos orgânicos contendo enxofre e azoto. Em alguns casos, são utilizados adicionalmente agentes molhantes activos adequados. O ácido touleno sulfónico [85], o citrato trissódico [86], o ácido p-touleno sulfónico [87], o gluconato de sódio [88] e a sulfamida benzóica [89] são normalmente utilizados como branqueadores. Ácido 3-hexino-2,5-diol e naftaleno sulfónico substituído [90], sacarina com trietanolamina [91], óxido de nonilfenilpolietileno, glucoheptonato de sódio [92, 93], cloreto de dodecil trimetilamónio (DTAC) [94], cloreto de trietilbenzilamónio [95], produto de condensação de L-histidina e glutaraldeído [96], veratraldeído e ácido p-amino-benzoico (PABA) [97], polinitroanilina [98], mistura de gelatina e furfural [99] são utilizados como branqueadores viáveis para a liga de Zn-Ni a partir de um banho de sulfato ácido. A técnica de corrente pulsada bipolar [100], a técnica de voltametria de varrimento linear [101] e a técnica do elétrodo cilíndrico rotativo [102] são utilizadas para o revestimento da liga Zn-Ni em banho de sulfato.

Quadro 4.1 Banho de sulfato ácido

Sl. Não	Composição do banho (gL^{-1})	Abrilhantador (gL^{-1})/ Técnica	c.d (Adm^{-2})	pH	Temp. (K)	Ref.
1	$ZnSO_4$ (200), $NiSO_4$(150), H3BO3.	Ácido p-tolueno sulfónico ou CTAB.	1-3	3-6	303-343	85
2	ZnSO4 (140), NiSO4 (100), H3BO3 (30).	Citrato tri-sódico.	1-4	4	303	86
3	ZnSO4 (0,07M), $NiSO_4$ (1,2M), H3BO3, Na_2SO_4.	Ácido p-tolueno sulfónico.	-	-	-	87
4	$ZnSO_4$ (90), $NiSO_4$ (90), H3BO3 (20).	Gluconato de sódio.	2-8	3-4	298-313	88
5	ZnSO4 (140), NiSO4 (50), H3BO3 (30).	Sulfamida benzóica.	-	-	-	89
6	ZnSO4 (0,4-1M), $NiSO_4$ (0,8-2M), acetato de metais alcalinos (0,08-2M).	a) ácido cítrico, (0,18-0,35M), b) 3-Hexino-2,5-diol (0,1-2M) e ácido naftaleno sulfónico substituído (0,1-2M) ou o seu produto de condensação com formaldeído	-	-	-	90

7	$ZnSO_4$ (0,1M), NiSO4 (0,1M), $(NH4)_2SO4$ (40), H3BO3 (30), lauril sulfato de sódio (0,2).	Trietanolamina (0,1M) ou dietanolamina (0,1M) ou monoetanolamina (0,1M) escarina (2).	4.0	5.5	328	91
8	ZnSO4 (0,2M), NiSO4 (0,5M), Na_2SO_4 (0,5M).	Óxido de nonilfenilpolietileno (NPO) (2).	1.2	2.5	323	92
9	$ZnSO_4$ (80), $NiSO_4$ (100), $Na_5P_3O_{10}$, (sódio trifosfato) (40), Na2B4O7.10H2O, (Bórax) (40).	Glucoheptonato de sódio (40).	2	5.5-6	310	93
10	ZnSO4, NiSO4.	Cloreto de dodeciltrimetil amónio (DTAC).	-	-	-	94
11	ZnSO4, NiSO4.	Cloreto de trietilbenzilamónio (TEBA).	-	-	-	95
12	$ZnSO_4$ (150), $NiSO_4$ (10), Na_2SO_4 (60), H_3BO_3 (20), CTAB (8), EDTA (15).	Produto de condensação do ácido p-amino benzoico com veratraldeído (10 mLL^{-1}).	0.2-8	3.5	298	96
13	$ZnSO_4$ (200), $NiSO_4$ (4), Na_2SO_4 (100), H3BO3 (40), CTAB (2).	Polinitroanilina (0,024).	0.5-4	3	293-303	97

14	ZnSO4 (175), NiSO4 (5), Na2SO4 (60), H_3BO_3 (20).	Gelatina (10) e furfural (0,8 mLL^{-1}).	1-4	2.6	298-303	98
15	$ZnSO_4$, NiSO4.	Bipolar pulsada corrente técnica.	-	-	-	99
16	$ZnSO_4$, NiSO4.	Técnica de voltametria de varrimento linear.	-	-	-	100
17	ZnSO4 (170), NiSO4 (10), H3BO3 (10), Sódio lauril sulfato (1).	Técnica do cátodo cilíndrico rotativo.	4-6	4	343	101
18	$ZnSO_4$, NiSO4.	Disco disco geometria técnica.	-	-	-	102

A Tabela 4.2 fornece informações sobre os vários branqueadores e métodos [103-111] utilizados como parte dos banhos de revestimento de ligas de Zn-Ni com cloreto ácido. Derivados fenólicos e compostos aromáticos insaturados [103], glicina [104], derivados fenólicos polioxietilénicos, acetona de benzilo, benzoato de sódio [105], brometo de benzil trietanol amónio [106] são utilizados como branqueadores para o revestimento de ligas de Zn-Ni em banhos de cloreto ácido. Produto de codensação de cloridrato de tiamina e furfural [107], mistura de gelatina e trimetoxi benzaldeído [108], álcool polivinílico, ácido salicílico, 2-mercaptobenzo triazol e o-metoxi salicilaldeído [109], A imida do ácido o-sulfobenzóico e um ácido carboxílico aromático, o ácido naftaleno sulfónico com grupos 1,3-sulfónicos e a imina de polietileno [110] são também branqueadores eficazes para a metalização da liga Zn-Ni em banhos de cloreto ácido. A técnica de revestimento por impulsos de onda quadrada [111] é utilizada para o revestimento de ligas de Zn-Ni em banhos de cloreto ácido.

Quadro 4.2 Banho de cloreto ácido

Sl. Não.	Composição do banho (gL^{-1})	Abrilhantador (gL^{-1})/ Técnica	c.d (Adm^{-2})	pH	Temperatura (K)	Ref
1	$ZnCl_2$ (135), $NiCl_2$ (140), H_3BO_3 (30 , NaCl (150).	Derivado fenólico derivado e um composto aromático insaturado, agente de nivelamento agente e aromático carboxilato.	-	4.8	298	103
2	ZnCl2 (300), NiCl2 (200), NaCl (70).	Glicina (0,5).	-	3.5-4.5	-	104

3	ZnCl2 (135), NiCl2 (140), H3BO3 (30), NaCl (150).	Derivado fenólico polioxietilénico (7.0), Benzilcetona (0,75), Benzoato de sódio (0,05).	0.5-7.0	4.8	298	105
4	ZnCl2, NiCl2.	Benzil trietanol amónio brometo.	-	-	-	106
5	$ZnCl_2$ (32), NiCl2 (4), NH4Cl (220), H3BO3 (20).	Produto de condensação de cloridrato de tiamina e furfural (20 mLL^{-1}).	0.5-5	3	293-303	107
6	ZnCl2 (20), NiCl2 (5), NH_4Cl (200), H3BO3 (12).	Mistura de gelatina (0.4) e Trimetoxibenzaldeído (1).	0.5-11	4	303 K	108
7	ZnCl2(80), NiCl2 (80), KCl (200), H3BO3 (30).	álcool polivinílico (PVA) (0,5), ácido salicílico (SA) (0,2), 2-Mercaptobenzotriazol (1), o-Metoxi salicilaldeído (0,3).	4.5-8	4.5	298-308	109
8	$ZnCl_2$ $NiCl_2$	imida do ácido o-sulfobenzóico ou a sua sal de sódio, Um ácido carboxílico aromático substituído, se necessário, por 1-3 grupos alquilo C1-4 ou halogéneos, ácido naftaleno sulfónico com 1-3 grupos sulfónicos, substituídos, se necessário, por 1 ou 2 grupos alquilo C1-4 grupos e ou halogéneos, ou o seu produto de condensação com formaldeído, poli-etilenimina com uma massa molecular média de Mol wt de 1000-8000.	-	-	-	110
9	ZnCl2 (200), NÍCl2 (200), H3BO3 (40), Lauril Sulfato de Sódio (SLS) (0,1).	Utilizando a técnica de revestimento por impulsos de onda quadrada.	0.3	3.4	313	111

A Tabela 4.3 apresenta pormenores sobre os vários branqueadores e técnicas [112-121] utilizados em banhos de revestimento de ligas Zn-Ni com cloreto de sulfato. A dextrina e o cloridrato de tiamina [112], o ácido acético e o laurilsulfato de sódio [113], o acetato, o succinato e a glicina [114], o cloreto de cetil-piridínio

[115], o produto de condensação do glutaraldeído e a L-argenina [116] são utilizados como branqueadores para a metalização da liga Zn-Ni em banhos de cloreto de sulfato. A técnica de revestimento por impulsos [117] e a técnica do elétrodo de disco rotativo [118] são utilizadas para o revestimento de ligas de Zn-Ni em banhos de cloreto de sulfato. A sacarina e o butino-1,4-diol [119], o piperonal e o sal de sódio do ácido lignina-sulfónico [120], o éster dialquílico [121] são também branqueadores eficazes para a metalização da liga Zn-Ni em banhos de cloreto de sulfato.

Quadro 4.3 Banho de cloreto de sulfato

Sl. Não.	Composição do banho (gL^{-1})	Abrilhantador (gL^{-1})/ Técnica	c.d (Adm^{-2})	pH	Temp. (K)	Ref.
1	$ZnSO_4$ (300), $NiSO_4$ (30), NaCl (20), H3BO3 (60), Na2SO4 (20).	Dextrina, tiamina cloridrato.	1-8	4.5	303	112
2	ZnSO4 (325) $NiCl_2$ (300)	Ácido acético (40 mLL^{-1}), lauril sulfato de sódio (0,1).	1.5-3.0	3.35	323-328	113
3	$ZnSO_4$, NiSO4, NH_4Cl, H3BO3.	Acetato, Succinato, Glicina.	0.5-2.5	2.5 4.5	293-323	114
4	ZnSO4, NiSO4, NaCl.	Cloreto de cetil-piridínio	-	-	-	115
5	ZnSO4 (100), $NiSO_4$ (5), NaCl (40), H3BO3 (20).	Produto de condensação da L-argenina e glutaraldeído (50 mLL^{-1}).	0.5-10	2.5	298	116
6	$ZnSO_4$ (0,5 M), $NiSO_4$ (0,1 M), NaCl (0,2 M).	Técnica de revestimento por impulsos.	-	-	-	117
7	ZnSO4 (0,15 M) NiSO4 (0,9 M), NiCl2 (0,16 M), H3BO3 (0,5 M).	Técnica do elétrodo de disco rotativo.	-	5	293	118

8	ZnSO4 (200), NiSO4 (250), NiCl2 (50), H3BO3 (40).	Sacarina (2), butileno-1,4-diol (0,2).	-	4	323	119
9	$ZnSO_4$ (90), $NiSO_4$ (90), $NiCl_2$ (10), H3BO3 (20), gluconato de sódio (60).	Piperonal (0,3-1 ml), sal de sódio do ácido lignina sulfónico (0,01-0,1).	-	-	-	120
10	ZnCl2 (142), NiSO4 (300), Sódio lauril sulfato (0,05).	Éster dialquílico (0,05).	-	-	-	121

A Tabela 4.4 apresenta os vários branqueadores/técnicas utilizados em banhos alcalinos de eletrodeposição de ligas Zn-Ni [122130]. A trietanolamina e a mercaptopiridina [122], o N,N,N1, N[1] -tetrametil-1,6-diamino hexano, a etilenodiamina e a vanilina [123], o polímero aminoalcoólico e o aminoácido [124], a polialquilenoimina [125], a amina alifática e a quinona [126] são utilizados como branqueadores para a eletrodeposição da liga Zn-Ni em banhos alcalinos. A técnica de decapagem eletroquímica [127] e a técnica de espetroscopia de impedância eletroquímica são utilizadas eficazmente para a metalização da liga Zn-Ni em banhos alcalinos. A glicina e a trietanolamina [128], o aditivo TD [129], a etilenodiamina e a trietanolamina [130] são demonstrados como branqueadores eficazes da liga Zn-Ni em banhos alcalinos.

Quadro 4.4 Banho alcalino

Sl. Não	Composição do banho (gL^{-1})	Abrilhantador (gL^{-1})/ Técnica	c.d (Adm^{-2})	pH	Temperatura (K)	Ref
1	$ZnSO_4$, $NiSO_4$, Na2SO4, NaOH, Sacarina.	Trietanolamina e mercaptopiridina.	5.0	14	328	122
2	ZnO, Ni^{2+}, NaOH, N-hidroxietileno diamina.	A classe I branqueadores N,N,N1- N[1] tetra-metil 1,3-diaminopropano, N,N,N1- N[1] tetra-metil 1,6-diaminopropano, etilenodiamina ou imidazol com 1-bromo 3-cloro propano ou epicloridrina, branqueadores da classe aromáticos aldeído, Vanilline.	-	-	-	123

3	Zn^{2+}, Ni^{2+}, NaOH.	Polímero amino-alcoólico, aminoácido ou seu sal.	-	-	-	124
4	$ZnSO_4$, NiSO4, NaOH.	Polialquilenoimina.	-	-	-	125
5	$ZnSO_4$, NiSO4, NaOH.	Alifático amina e Quinolina.	-	-	-	126
6	ZnSO4, NiSO4, Solução de amoníaco.	Eletroquímica decapagem técnica.	-	-	-	127
7	ZnSO4, NÍSO4, NaOH.	Eletroquímica impedância técnica espectroscópica.	-	-	-	128
8	ZnO(2-12), NÍSO4 (16,25), NaOH (80-120).	Glicina (4-6), Trietanolamina (50-80 mLL^{-1})	5-6.5	-	303-323	129
9	ZnSO4, NÍSO4, NaOH.	Aditivo TD.	-	-	-	130

4.9 Revestimento de liga Zn-Fe

A liga Zn-Fe galvanizada funciona como ânodo de sacrifício para a proteção anticorrosiva do aço. Uma liga contendo 15-25% exibe uma excelente resistência à corrosão, formabilidade, soldabilidade, trabalhabilidade, fosfabilidade, cromabilidade, boa capacidade de pintura e uma liga contendo 40% Fe ou mais demonstra uma magnífica capacidade de pintura [131]. A galvanoplastia de ligas Zn-Fe tem ganho um interesse considerável nos últimos tempos devido à sua aplicação na indústria eléctrica, na construção de peças desgastadas, como materiais magnéticos e por outras razões. A galvanoplastia da liga Zn-Fe é de grande importância prática, uma vez que tem melhor resistência à corrosão e propriedades mecânicas do que o revestimento de zinco puro [132]. As ligas Zn-Fe electrodepositadas têm sido consideradas como substitutos alternativos do revestimento de cádmio [133]. Em 1916, Von Escher e colegas examinaram a codeposição anómala de zinco com ferro a partir de um banho de sulfato ácido.

Em 1927 e 1935, Glasstone, Raub e colaboradores investigaram o impacto do pH na composição dos depósitos na codeposição anómala de ferro com zinco a partir de um banho de sal simples e de um banho complexo. Em 1940, Faust e colaboradores exploraram a liga electrodepositada de Fe(II). Em 1995, Jepson, Meehan e colaboradores examinaram a liga Zn-Fe depositada a partir de um banho de sulfato. O diagrama de fases da liga Zn-Fe preparada termicamente foi desenvolvido por Hara, Lingyand e kbschecwski em 1983. A liga alcalina de Zn-Fe tornou-se um processo reconhecido no mercado japonês, especialmente para aplicações

automóveis [134]. Na galvanoplastia da liga Zn-Fe, os problemas sentidos são o controlo dos contaminantes no banho, a adsorção do ferro férrico no cátodo e a codeposição de hidrogénio. Regra geral, os banhos de galvanização para a galvanização de ligas de Zn-Fe incluem sais ferrosos, hidróxido férrico e outros produtos de hidrólise, tais como Fe $(OH)_2$ insolúvel^{+} e Fe $(OH)_2^{2+}$, que são precipitados e incorporados no depósito, reduzindo a eficiência da corrente catódica. Os agentes complexos são incluídos nos banhos de revestimento para evitar a adsorção e a oclusão de compostos férricos no depósito, causando efeitos prejudiciais nas propriedades da liga Zn-Fe.
Os efeitos da composição do banho na composição da liga durante a galvanoplastia da liga Zn-Fe a partir de sulfato de ácido simples foram inspeccionados por vários trabalhadores [135]. Estas experiências demonstraram que a percentagem de zinco na liga diminui com o aumento da concentração de iões metálicos no banho, o pH, a densidade da corrente e a diminuição da temperatura do banho. Vários agentes complexantes orgânicos e inorgânicos foram incorporados nos banhos de revestimento para melhorar as propriedades das ligas. O oxalato de amónio foi considerado [136] como um agente complexante no banho de sulfato ácido para a eletrodeposição da liga Zn-Fe. O ácido cítrico tem sido amplamente utilizado como agente complexante nos banhos de sulfato ácido, cloreto e cloreto de sulfato para a eletrodeposição de ligas de Zn-Fe. O sistema básico da liga Zn-Fe é fundamentalmente o mesmo que o sistema de zinco não-cianeto. Exames anteriores detalharam que a percentagem de ferro na liga de Zn-Fe electrodepositada muda com a densidade de corrente e a temperatura. Ramachar e colaboradores relataram o primeiro banho de pirofosfato básico para banhos de Zn-Fe. Nestes banhos, a perda de amoníaco a altas temperaturas de trabalho dificulta o controlo e a manutenção do processo de revestimento.

4.9.1 Mecanismo de deposição da liga Zn-Fe

Conforme identificado por Brenner, a eletrodeposição da liga Zn-Fe é de tipo anómalo, dado que o zinco, metal electroquimicamente menos nobre, é preferencialmente depositado. Zhang e Leng [137] investigaram a codeposição anómala da liga de Zn-Fe em solução de cloreto ácido utilizando a técnica de polarização cíclica-voltamétrica e de estado estacionário e afirmaram que a codeposição anómala da liga de Zn-Fe envolvia o mecanismo de nucleação tridimensional e subsequente desenvolvimento de grãos. Os iões Zn^{2+} na solução de cloreto ácido subjugaram a deposição de ferro, enquanto os iões Fe^{2+} estimularam a deposição de zinco. A co-deposição anómala da liga Zn-Fe surge devido ao facto de o nível de energia da órbita do eletrão 4s do ião Zn^{2+} (E4s, Zn) ser superior ao do ião Fe^{2+} (E4s, Fe).
Fukushima et al. estudaram em pormenor o mecanismo da galvanoplastia de zinco com metais do grupo do ferro a partir de um banho de sulfato [138]. Mediram o pH na localidade do cátodo e a resistência da película superficial e concluíram que o zinco menos nobre é depositado seletivamente. Além disso, mostraram que a galvanoplastia de zinco continua com o avanço da formação de $Zn(OH)_2$ no cátodo. Os metais do grupo do ferro são libertados através da película de $FeZn(OH)_2$, o que torna problemática a galvanoplastia de metais do grupo do ferro.
Gomez e Pelaez [139] investigaram a eletrodeposição da liga Zn-Fe num banho de cloreto ácido utilizando técnicas potenciostáticas, potenciodinâmicas e galvanostáticas e concluíram que a presença de zinco dificulta a eletrodeposição de ferro, resultando numa deposição anómala. Quando ocorre uma deposição significativa de Zn(II) na vizinhança do elétrodo, a inibição desaparece e inicia-se uma co-deposição normal. A agitação da solução conserva a codeposição anómala e obtém-se uma solução sólida de fase ^, com uma placa hexagonal semelhante à estrutura do morfol. Em condições de co-deposição normal, resulta a fase a, solução sólida rica em ferro com estrutura cúbica de morfol.

Fukushima e Akiyama [140] testaram a influência da densidade de corrente na composição da liga de Zn-Fe e na eficiência atual da deposição da liga numa vasta gama de densidade de corrente. Eles categorizaram o comportamento de deposição da liga Zn-Fe em relação à densidade de corrente em quatro regiões e sugeriram a explicação para o comportamento de deposição em cada região que foi baseada no mecanismo de inibição de hidróxido. A liga Zn-Fe resultou numa eficiência de corrente razoavelmente elevada nas duas regiões anómalas de co-deposição seguintes, em que foi permitida a existência de hidróxido de zinco no cátodo. A região II (Figura 4.3) em que a liga Zn-Fe com baixo teor de ferro metálico foi revestida com elevada eficiência de corrente e a composição da liga praticamente não variou e a região III (Figura 4.3) em que o teor de metais do grupo do ferro da liga aumentou em direção à linha de referência da composição (CRL) e a eficiência de corrente foi ainda mantida a um nível relativamente elevado.
Ramachar e colaboradores investigaram a influência da densidade da corrente na composição da liga Zn-Fe. O aumento do teor de zinco com o aumento da densidade de corrente foi substancial apenas em valores baixos e, na gama de alta densidade de corrente, a composição foi sempre constante. Os potenciais de deposição medidos para ferro, zinco e Zn-Fe em solução de pirofosfato em condições óptimas são

0,64, 1,02 e 0,68 V, respetivamente. Prevê-se que o depósito da liga Zn-Fe com elevado teor de ferro ocorra a baixas densidades de corrente.
Forester [141] estudou saltos de potencial em torno de 0,24 V para a liga Zn-Fe. Glasstone [142] sugeriu que o salto nos potenciais ocorre simultaneamente com a redução da concentração de iões de ferro no ambiente do cátodo, de modo a que seja depositada uma liga rica em zinco com elevada sobretensão de hidrogénio.
Kond e Hinotani [143] estudaram a estrutura cristalina da deposição da liga Zn-Fe utilizando a difração de raios X e a TEM (Microscopia Eletrónica de Transimissão) e descreveram as estruturas metaestáveis das ligas Zn-Fe depositadas por electrões e a distância das fases individuais ao longo de grandes intervalos de composição. As fases são reconhecidas como $_{n}$(73-100 a % Zn) Y(48-47 a % Zn), ^(62-78 a % Zn) e a(0-62 a % Zn).

4.9.2 Branqueadores de ligas Zn-Fe e técnicas

A Tabela 4.5 mostra diferentes branqueadores/técnicas utilizados em banhos básicos de galvanoplastia de ligas Zn-Ni [144- 151]. A trietanolamina [144], a sacarina, o mono, di ou trissulfonato de naftaleno, um benzoato de metal alcalino e o hidrolisado de colagénio [145], a acetona de benzilidina, o éter octil de polietilenoglicol, a mistura de gelatina e furfural [146], o álcool polivinílico [147], o naftol etoxilado [148] e a cola [149] são utilizados na galvanização de ligas de Zn-Fe a partir de um banho de sulfato. Célula de canal de fluxo retangular com ângulo de injeção de fluido intercambiável sob técnicas galvanostáticas [150] e técnica de comportamento de desgaste por deslizamento [151] são utilizadas para revestimento de liga de Zn-Fe em banho de sulfato.

Quadro 4.5 Banho de sulfato ácido

Sl. Não	Composição do banho (gL^{-1})	Abrilhantador (gL^{-1})/ Técnica	c.d (Adm^{-2})	pH	Temperatura (K)	Ref
1	$ZnSO_4$, $FeSO_4$, Na2SO4.	Trietanolamina (TEA).	-	-	-	144
2	ZnSO4 (0,5-2M), FeSO4 (0,5-2M), Na2SO4(0,1-0,5M) Ácido cítrico (0,01-0,2M) NaOAC (0,1-0,5M)	Sacarina (0.02-1.0M) ou Naftaleno mono, di ou trissulfonato (0,01-1,0M) ou o seu produto de condensação com formaldeído, um benzoato de metal alcalino (0,01-1,0M) e hidrolisado de colagénio (0,05M).	-	1-3.5	-	145
3	Zn^{2+}(46), Fe^{2+}(65), Fe^{3+} (5), H2SO4 (14,5).	Álcool polivinílico (10 ppm).	8.0	-	333	146
4	ZnSO4 (85), FeSO4 (5), H_2SO_4 livre (10 mLL^{-1})	Di-hidroxidifenil sulfona, Ácido a-naftosufónico etoxilado, naftol a-etoxilado.	-	-	-	147
5	$ZnSO_4$, $FeSO_4$, H_2SO_4.	Cola.	-	-	-	148

6	$ZnSO_4$, $FeSO_4$.	Canal de fluxo retangular com um ângulo de injeção de fluido intercambiável em condições galvanostáticas	-	-	-	149
7	$ZnSO_4$ (0,4-0,7M), $FeSO_4$ (0,75-0,9M), Na_2SO_4, (NH4)2SO4, A2(SO4)3.	Canal de escoamento retangular com um ângulo de injeção de fluido intercambiável segundo técnicas galvanostáticas.	-	-	-	150
8	ZnSO4 (219), FeSO4 (236), Na2SO4 (141), $CuSO_4$ (0,1).	Deslizamento desgaste comportamento técnica.	4	1.5-2	323	151

A técnica de decapagem eletroquímica [152], a técnica de voltametria cíclica e de polarização em estado estacionário [153], a técnica de polarização eletroquímica [154], a técnica do cátodo cilíndrico rotativo [155], a técnica do banho duplo [156], a técnica de agitação rotativa do elétrodo [157], a técnica de deposição sob potencial [158], a técnica potenciostática [159], a técnica direta pulsada [160] e a técnica coulostática [161] são úteis para a metalização da liga Zn-Fe em banhos de cloreto. O $Na_3C_6H_5O_7$ [162], a sacarina, a dextrina, o bissulfito de metais alcalinos e o ditionito de metais [163], a poli-amida e o álcool polivinílico [164] são utilizados como branqueadores da liga Zn-Fe em banho de cloreto ácido.

Quadro 4.6 Banho de cloreto ácido

Sl. Não.	Composição do banho (gL^{-1})	Abrilhantador (gL^{-1})/ Técnica	c.d (Adm^{-2})	pH	Temp. (K)	Ref.
1	$ZnCl_2$ (0,02M), $FeCl_2$ (0,075M), NaCl (0,8M).	Eletroquímica eletroquímica técnica.	0.03-0.08	-	293	152
2	ZnCl2, FeCl2, H3BO3, NbC.HSO .2ILO.	Voltametria cíclica e técnica de polarização em estado estacionário.	-	3.07	-	153
3	ZnCl2, FeCl2, NaCl.	Técnica de polarização eletroquímica.	-	-	-	154
4	ZnCl2, FeCl2, NH_4Cl.	Rotação de cilíndrico técnica catódica.	-	-	-	155

5	ZnCl2, FeCl2, NaCl.	Técnica de banho duplo	-	-	-	156
6	ZnCl2, FeCl2, NH_4Cl.	Rotação do elétrodo técnica de agitação.	-	-	-	157
7	ZnCl2, FeCl2.	Deposição subpotencial Técnica de utilização de substrato de cobre.	-	-	-	158
8	ZnCl2 (1M), FeCl2 (1M).	substratos de Cu pela técnica potenciostática.	-	1.6	-	159
9	ZnCl2, FeCl2, NaCl.	Utilização de corrente pulsada técnica.	-	-	-	160
10	ZnCl2, FeCl2, NaCl.	Sob técnica coulostática.	-	-	313	161
11	Zn^{2+}, Fe^{2+}, KCl.	\a;C611,O) .	-	-	-	162
12	$ZnCl_2$ (1-3M), $FeCl_2$ (0,2-2M), NaCl (1-5M), KCl (1-5M).	Sacarina (0,01-1,5M), Dextrina (0,01-1,5M), Redutores agentes redutores; Álcalis bissulfito de metal, ditionito de metal alcalino ou hidroxilo cloreto de amónio.	-	1-3.5	-	163
13	ZnCl2, FeCl2, NaCl, KCl, NaCl, CaCl2.	poliamida, poliamida vinil álcool ou poliéter.	-	-	-	164

A glicina [165], o piperonal [166], o polietilenoglicol e a tioureia, o ácido ascórbico, o polietilenoglicol tioureia e o aditivo ZF [167] provaram ser branqueadores eficazes de ligas de Zn-Fe em banhos de cloreto de sulfato.

Quadro 4.7 Banho de cloreto de sulfato ácido

Sl. Não	Composição do banho (gL^{-1})	Abrilhantador (gL^{-1})/ Técnica	c.d (Adm^{-2})	pH	Temp. (K)	Ref.
1	$ZnCl_2$(21-105), FeSO4, (NH4)2SO4(35), Ácido cítrico (2).	Glicina (10).	0.5-1.5	2-2.5	323-328	165
2	ZnSO4 (0,4M), FeCl2(0,03M), Na2HPO4 (0,25M).	Piperonal (0.01), Pulso técnica de revestimento.	6	6.5	323	166
3	$ZnCl_2$(80-100), $FeSO_4$(8-12), KCl (200-300).	Poli (etilenoglicol) (11,5), Ácido ascórbico (1 1,5), tioureia (0,5-1), aditivo ZF (8-10 mLL^{-1}).	0.12-0.25	-	-	167

Trietanolamina [168], trietanolamina dietileno, epóxi propano e dietilamina [169], Limeda AIF [170] são utilizados como branqueadores de ligas de Zn-Fe em banhos alcalinos. A técnica de polarização potenciodinâmica de resistência à polarização [171] é útil para o revestimento de ligas de Zn-Fe em banhos alcalinos.

Quadro 4.8 Banho alcalino

Sl. Não	Composição do banho (gL^{-1})	Abrilhantador (gL^{-1})/ Técnica	c.d (Adm^{-2})	pH	Temp. (K)	Ref.
1	$ZnSO_4$(0,09M), $FeSO_4$(0,01M), NaOH (80M), Na2SO4 (30M), ácido ascórbico (0,01M).	Trietanolamina (0,1M).	10	14	323	168
2	ZnO, FeCl2, NaOH.	Quelantes agentes quelantes: Trietanolamina dietileno (10 mLL^{-1}), Luminosidade agentes: Epoxipropano e dietilamina [8 mLL^{-1}].	1-3	-	288-308	169
3	ZnO (0,12M), Fe^{2+}, NaOH (0,25M).	Limeda AIF (5 mLL^{-1}).	2.5	-	298	170

4	ZnSO4, FeSO4, NaOH.	Resistência de polarização e técnicas de polarização potenciodinâmica	-	-	-	171

4.10 Revestimento de liga de Zn-Co

A galvanoplastia de ligas de zinco-cobalto é importante, uma vez que estas ligas oferecem uma resistência à corrosão significativamente mais elevada do que o zinco puro [172-174]. Os depósitos com baixo teor de Co são menos nobres do que o aço e actuam como revestimentos de sacrifício. Os revestimentos com elevado teor de Co são mais nobres do que o aço e produzem um tipo de barreira de proteção [175]. Como explicado por Brenner [1], a galvanoplastia de ligas Zn-Co a partir de banhos aquosos é do tipo anómalo: implicando que o componente menos nobre, o zinco, se deposita preferencialmente do que o cobalto mais nobre. Devido a este facto, o teor de cobalto nas ligas de zinco-cobalto obtidas a partir de banhos aquosos é normalmente baixo. Os revestimentos de ligas Zn-Co têm sido obtidos a partir de iões simples e complexos, geralmente em banhos ácidos e alcalinos, respetivamente. Okuda e Himatsu [176] desenvolveram uma liga de Zn-Co altamente resistente à corrosão a partir de um banho ácido. Fratesi e colaboradores [177] revestiram ligas de Zn-Co em substrato de ferro a partir de um banho de cloreto. Electroplacas de Zn-Co altamente aderentes, de grão fino e com brilho metálico, foram revestidas em substratos de aço a partir de um banho de citrato ácido por Abd El-Rehim et al. [178]. Tu et al. [179] obtiveram revestimentos brilhantes e lisos de ligas de Zn-Co com um teor de cobalto entre 0,6-0,8 wt%.

4.10.1 Mecanismo da liga Zn-Co

Como indicado por Brenner [1]. A eletrodeposição de ligas Zn-Co a partir de banhos de revestimento aquosos [180] é um processo de co-deposição do tipo anómalo; isto é, o componente menos nobre, o zinco, deposita-se seletivamente em comparação com o cobalto mais nobre. Consequentemente, o teor de cobalto na liga de zinco-cobalto obtida a partir de banhos de revestimento aquoso é geralmente pequeno [181]. Highashi et al. e Decroyl [182] explicaram o mecanismo de impedimento do hidróxido para descrever a codeposição anómala da liga Zn-Co em banho de sulfato. A descarga de cobalto é impedida pela formação de uma película de hidróxido de zinco que oferece resistência ao transporte dos iões Co^{2+}. Por outro lado, o $Co(OH)_2$ não se forma porque o pH não atinge o valor crítico para favorecer a precipitação.

No entanto, não existe uma explicação comummente aceite. Nicol e Philip [183] propuseram que a deposição sob potencial (UPD) do metal menos nobre no cátodo inibe a deposição do metal mais nobre. O termo "deposição sob potencial" é relevante para a deposição de espécies metálicas num substrato estranho numa região de potencial que é mais positiva em comparação com o potencial de equilíbrio da eletrodeposição em massa.

4.10.2 Branqueadores e técnicas de ligas de Zn-Co

A Tabela 4.9 fornece dados sobre os diferentes branqueadores/técnicas utilizados em banhos de eletrodeposição de ligas Zn-Co [184-186]. O p-naftol juntamente com lauril sulfato de sódio [184], Sb(III) e cola [185], o butil-2-diol-1,4 hidroxietilado, a acetona benzilideno e o etanol são apontados como branqueadores eficientes para a eletrodeposição de ligas Zn-Co a partir de banhos de sulfato. A construção de multicamadas de ligas com composição modulada (CMAM) de ligas de Zn-Co a partir de um banho de sulfato ácido é intensamente investigada [186] e os parâmetros e condições de galvanoplastia são optimizados para fornecer camadas com teores de cobalto elevados e baixos. O efeito dos constituintes do banho e dos parâmetros do impulso no teor de cobalto, na morfologia da superfície e no tamanho do grão dos depósitos de ligas Zn-Co foi verificado utilizando uma técnica de galvanização por impulso com uma corrente de onda quadrada envolvendo o impulso inverso [187].

Quadro 4.9 Banho de sulfato ácido

Sl. Não	Composição do banho (gL^{-1})	Abrilhantador (gL^{-1})/ Técnica	c.d (Adm^{-2})	pH	Temp. (K)	Ref.

1	$ZnSO_4$ (0,5M), $CoSO_4$ (0,5 M), H3BO3 (40), Lauril sulfato de sódio (0,865).	P-naftol (0,345).	0.5-2.5	-	-	184
2	ZnSO4 (200), CoSO4(50).	Antimónio (1), germânio (1), arsénio (5 mg dm^{-3}) e cola (24 ppm).	0.25-5	1.5	298	185
3	$ZnSO_4$ (175), $CoSO_4$ (258,5), H3BO3 (45), $(NH_4)_2SO_4$ (22).	AZ-1 (composto por álcool etoxilado e sal de sódio ou de potássio do ácido benzoico), AZ-2 (composto por benzilidenoacetona e etanol).	-	4.5		186
4	ZnSO4 (60), CoSO4 (140), Na2SO4 (80), (NH4)2SO4 (50), H3BO3 (20).	Revestimento por impulsos com técnica de corrente inversa.		2	55-60	187

A Tabela 4.10 fornece informações sobre branqueadores distintos e técnicas [188-191] utilizadas em banhos de galvanização de ligas de Zn-Co com cloreto e cloreto de sulfato. A galvanoplastia da liga Zn-Co a partir de banhos de cloreto com diferentes relações Zn^{2+}/Co^{2+} foi estudada por voltametria cíclica e voltametria de varrimento linear anódica com a ajuda de um elétrodo de Pt [188]. A decapagem eletroquímica galvanostática (GES), a espetroscopia de impedância eletroquímica (EIS) e o potencial de circuito aberto (E_{ocp}) foram utilizados para a galvanização da liga Zn-Co em banhos de cloreto [189]. A eletrodeposição de ligas Zn-Co em substrato de ferro a partir de banhos de cloreto em condições galvanostáticas foi realizada a partir de banhos de cloreto [190]. O sal fundido de cloreto de zinco ácido de Lewis-1-etil-3-metilimidazólio [191] foi um aditivo para a galvanoplastia da liga de Zn-Co através de um banho de cloreto ácido.

Quadro 4.10 Banho de cloreto ácido e de cloreto de sulfato

Sl. Não.	Composição do banho (gL^{-1})	Abrilhantador (gL^{-1})/ Técnica	c.d (Adm^{-2})	pH	Temperatura (K)	Ref
1	ZnCl2 (54,57), CoCl2 (45,3), H3BO3 (26), KCl (220).	Técnica de voltametria cíclica, variando a concentração de Zn^{2+} e Ni^{2+}	-	-	-	188

2	$ZnCl_2$ (1) $CoCl_2$ (0,1) H3BO3 (0,5) KCl (2,6)	Decapagem eletroquímica galvanostática, eletroquímico medições de impedância e de potencial de circuito aberto.	-	-	-	189
3	Zn^{2+} (0-150) Co^{2+} (0-238) H3BO3 (0,5 M) KCl (2,5 M) NH_4Cl (0,4 M)	Condições galvanostáticas.	-	-	-	190
4	ZnCl2, CoCl2.	Cloreto de zinco cloreto de-1-etil-3-cloreto de metilimidazóliocloreto (40-60 mol%).			80	191

4.11 Revestimento de liga Zn-Mn

Há muita curiosidade sobre as ligas Zn-Mn electrodepositadas devido às suas maiores propriedades protectoras [192-201]. A capacidade das ligas Zn-Mn (teor de manganês entre 1 e 15%) para combater a corrosão atmosférica foi estudada por Soto [202], que afirmou um avanço notável do seu comportamento em atmosfera marinha em comparação com o Zn ou outras ligas de Zn. Muitos estudos concluíram que os revestimentos contendo apenas a fase e-Zn-Mn garantiam a melhor capacidade de proteção [203-210]. As condições de galvanoplastia permitem obter elevados teores de manganês nos revestimentos a grandes densidades de corrente aplicadas. Gabe [211] afirmou que uma liga Zn-Mn com um teor de manganês de cerca de 30% apresenta a maior resistência à corrosão. Este valor máximo de resistência à corrosão é atribuído à estrutura monofásica do revestimento. No entanto, este processo de deposição apresenta diferentes desvantagens devido às instabilidades do banho e à baixa eficiência de corrente inerente. Poucos autores se concentraram nas ligas Zn-Mn obtidas a partir de banhos de sulfato de amónio [212-215]. Está estabelecido que as ligas Zn-Mn com teores de manganês de cerca de 15% oferecem uma maior resistência à corrosão em atmosfera marinha do que as ligas de Zn ou outras ligas de Zn. Boshkov et al [213-215] investigaram o impacto da composição no comportamento de corrosão dos depósitos de Zn-Mn e descobriram que as ligas com teores de manganês de cerca de 11% oferecem uma elevada resistência à corrosão devido à sua estrutura monofásica. Estas ligas apresentam um duplo mecanismo de proteção em combinação com uma proteção sacrificial e o desenvolvimento de uma camada superficial protetora praticamente insolúvel.

Muller et al [216] prepararam um banho de citrato-EDTA que era composto por elevados teores de manganês a baixas densidades de corrente. Para teores de manganês entre 6 e 25%, os depósitos eram constituídos pelas fases e e Y-Zn-Mn. A partir de um teor de manganês de 30%, o revestimento é monofásico, constituído pela fase e-Zn-Mn, e para teores de manganês mais elevados, o revestimento é bifásico, constituído pelas fases e-Zn-Mn e Y Mn1.

4.11.1 Mecanismo de revestimento da liga Zn-Mn

A liga Zn-Mn é identificada como um revestimento de sacrifício útil para materiais ferrosos e é basicamente aplicada em superfícies por galvanoplastia. O revestimento de Zn e Mn ocorre de acordo com o mecanismo de codeposição, o que pode ser comprovado pelos resultados electroquímicos estudados por B. Bozzini et. al [206].

4.11.2 Branqueadores e técnicas de ligas Zn-Mn

As Tabelas 4.11 e 4.12 indicam a composição do banho, os branqueadores, as técnicas e as condições de funcionamento aplicadas às ligas de Zn-Mn a partir de um banho de sulfato ácido e de cloreto. O polietilenoglicol, o ácido benzoico e a benzalaetona [345], o produto de condensação do monocloreto de L-lisina e o furfuraldeído [346] são considerados aditivos eficazes para a eletrodeposição da liga Zn-Mn a partir de um banho de sulfato.

Quadro 4.11 Banho de sulfato ácido

Sl. Não	Composição do banho (gL-1)	Abrilhantador (gL^{-1})/ Técnica	c.d (Adm^{-2})	pH	Temp. (K)	Ref.
1	ZnSO4 (10), MnSO4 (100), (NH4)2SO4 (60).	AZ-1 (composto por polietilenoglicol e ácido benzoico), AZ-2 (composto por benzalacetona).	-	5	-	345
2	ZnSO4 (80), MnSO4 (30), Na2SO4 (60), (NH4)2SO4 (30), EDTA (15), CTAB (6).	Condensação produto de Furfural e L-Lisina monocloridrato ($8mLL^{-1}$).	2-5.8	3	303	346

A técnica de voltametria cíclica [347] é útil para a eletrodeposição da liga Zn-Mn a partir de um banho de cloreto ácido. O líquido iónico tri-1-butilmetilamónio-bis(triflurometano) sulfonilimida [348], aditivo comercial (Fra 700 da McDermid) foi incorporado como aditivo na galvanização da liga Zn-Mn a partir de iões de cloreto [340].

Quadro 4.12 Banho de cloreto ácido

Sl. Não.	Composição do banho (gL^{-1})	Abrilhantador (gL^{-1})/ Técnica	c.d (Adm^{-2})	pH	Temp. (K)	Ref.
1	$ZnCl_2$ (0,462M), $MnCl_2$ (0,707M), H3BO3 (0,4M), KCl (2,31M).	Técnica de voltametria cíclica.	-	4.9	-	347
2	Zn^{2+}, Co^{2+}.	Tri-1-butilmetilamónio bis ((trisflurometano) sulfonil) líquido iónico de imida.	-	-	-	348
3	$ZnCl_2$ (63), $MnCl_2$ (140), H3BO3 (25), KCl (240).	Aditivo comercial (Fra 700 da mcdermid)	5	4.9	10-50	349

CAPÍTULO 5

REVESTIMENTO DE COMPÓSITO DE ZINCO

5.1 Fundamentos dos revestimentos compósitos

Os compósitos desenvolvidos por galvanoplastia contêm materiais com matrizes metálicas, de óxido ou poliméricas, nos quais partículas sólidas ou fibras são codepositadas e uniformemente dispersas no depósito. As matrizes metálicas podem ser compostas de níquel, cobalto, cobre, zinco, metais preciosos e ligas relacionadas. As partículas sólidas (inertes), que fazem parte do depósito metálico, são constituídas por óxidos (Al2O3, SiO2, Cr2O3 e V2O5, etc.), carbonetos (SiC, Cr2C3), grafite, diamante ou partículas de nitreto de boro, polímeros em pó (politetrafluoretileno, cloreto de polivinilo) e outros componentes, como sais (MoS_2, $BaSO_4$) ou alguns pigmentos. As partículas como o WC, o diamante e o SiC defendem o metal da abrasão, enquanto o MoS_2, o politetrafluoretileno (PTFE) e a grafite diminuem o coeficiente de atrito dos materiais compósitos [1, 2]. O envolvimento de partículas submicrónicas ou nanopartículas nas matrizes metálicas à base de níquel ou zinco contribui em grande parte para a resistência à corrosão. As partículas inertes utilizadas na galvanoplastia de materiais compósitos têm geralmente 1 a 100 nm de diâmetro. As partículas são uniformemente distribuídas na solução de galvanização por agitação mecânica ou ultra-sónica. Durante a galvanoplastia, as partículas inertes recebem cargas positivas e, como tal, movem-se em direção ao cátodo e são incorporadas no metal, liga, óxido ou polímero galvanizado. A galvanoplastia de materiais compósitos com matrizes metálicas é geralmente conduzida de modo a aumentar as suas propriedades mecânicas e tribiológicas, embora outras propriedades, como a resistência à corrosão e a resistência térmica, possam também ser grandemente melhoradas.

A natureza dos metais ou ligas galvanizados pode ser consideravelmente modificada, principalmente para melhor, através da disposição de partículas finamente divididas para serem co-depositadas com o metal ou liga, sendo assim incorporadas numa matriz metálica [3-7]. Isto é normalmente conseguido quer colocando as partículas em suspensão numa solução, quer depositando-as numa superfície catódica horizontal na qual o metal é revestido.

A quantidade de partículas da segunda fase assim incorporadas variará com as condições de deposição (pH, temperatura, viscosidade, concentração de partículas em suspensão, condições hidrodinâmicas) e em que medida estes parâmetros afectam o potencial zeta, o que também é importante.

Quadro 5.1 Resumo das combinações matriz-segunda fase

Matriz metálica	Óxidos	Carbonetos	Sulfuretos	Sulfatos	Outros
Ag	Al2O3	SiC			
Cd	Óxido de Fe	SiC, WC			
Au	Al2O3	SiC			
Co	Óxido diverso				Natural ou Mica sintética
Cr	Al2O3				
Cu	Al2O3, CeO2 TiO2, ZrO2	SiC, WC, ZrC	MoS2	BaSO4 SrSO4	Mica, grafite
Fe	Al2O3, óxido de Fe	SiC, WC	MoS_2		Mica natural ou sintética
Mn	SiC				

Ni	Al_2O_3, CeO_2 TiO_2, ZrO_2, MgO_2, SiO_2	SiC, WC	MoS_2	$BaSO_4$	Nitreto de boro, Teflon, mica

Quadro 5.2 Revestimentos compósitos importantes do ponto de vista industrial (a cinzento) e possíveis desenvolvimentos futuros.

Revestimento compósito	Áreas de aplicação
Co-Cr2O3/Co-Ni - Cr2O3	Revestimentos resistentes a altas temperaturas, aeroespacial
Me + grafite, Me + óleo	Revestimentos resistentes ao desgaste, incluindo dru-running
Ni-Al_2O_3 + camada de Cr	Para utilizações decorativas
Ni - BN, Ni - grafite, Ni - MoS_2	Indústria automóvel
Ni - PTFE	Revestimento de baixa fricção, indústria automóvel
Ni - SiC	Revestimento resistente ao desgaste, indústria automóvel
Ni +diamante	Para utilizações microelectrónicas
Ni + NiFeS2, Cu + Cu2O3,	Superfícies cataliticamente activas
Ni + Cr + Al + Si + TiC	Revestimentos densos e resistentes à temperatura
Zn + SiO2	Revestimentos resistentes à corrosão

Sempre que for necessária uma dispersão uniforme da segunda fase na matriz (e, em alguns casos, é desejada uma distribuição graduada, mas não uniforme), as partículas da segunda fase devem ser uniformemente espalhadas no eletrólito. Para tal, a inclinação para assentar por gravidade tem de ser constantemente invertida, através da utilização de agitação, fluxo de eletrólito bombeado, agitação ultra-sónica ou agitação de ar.
Os ânodos de sacrifício são normalmente fabricados a partir do mesmo metal que está a ser revestido, por exemplo, o zinco. Um ânodo de zinco dissolve-se anodicamente, descarregando em solução iões de zinco para substituir os que foram depositados no cátodo. Idealmente, o processo anódico seria o reflexo absoluto do que ocorre no cátodo. Na realidade, um ou ambos os processos são menos de 100% eficientes, sendo necessário algum tipo de modificação. O segundo tipo de ânodo é o chamado ânodo permanente, normalmente de titânio revestido de platina.
No caso de partículas muito finas, é frequentemente incorporado um tensioativo adequado que, após ionização em solução, se adsorve à superfície das partículas, de modo a que estas se orientem de acordo com a sua carga eléctrica. As forças electrostáticas repulsivas provocam, assim, a coagulação das partículas, o que pode levar à sua sedimentação.

5.2 Mecanismo dos revestimentos compósitos

A Figura 5.1 mostra os processos naturais incluídos na co-deposição de partículas em camadas metálicas em desenvolvimento. Podem reconhecer-se cinco etapas sucessivas durante o processo de co-deposição [8]. (1) desenvolvimento de nuvens iónicas nas partículas, (2) convenção em direção ao cátodo, (3) difusão através de uma camada limite hidrodinâmica, (4) difusão através de uma camada limite de concentração e, finalmente, (5) adsorção no cátodo, onde as partículas são capturadas no depósito metálico. Outros modelos envolvem uma abordagem estatística [9-11] que prevê a probabilidade de uma partícula ser incorporada num depósito e modelos de trajetória de partículas [12] que definem partículas não brownianas.

Embora estejam disponíveis muitos modelos teóricos, a flexibilidade e a fiabilidade de cada um asseguram uma vasta gama de revestimentos metálicos.

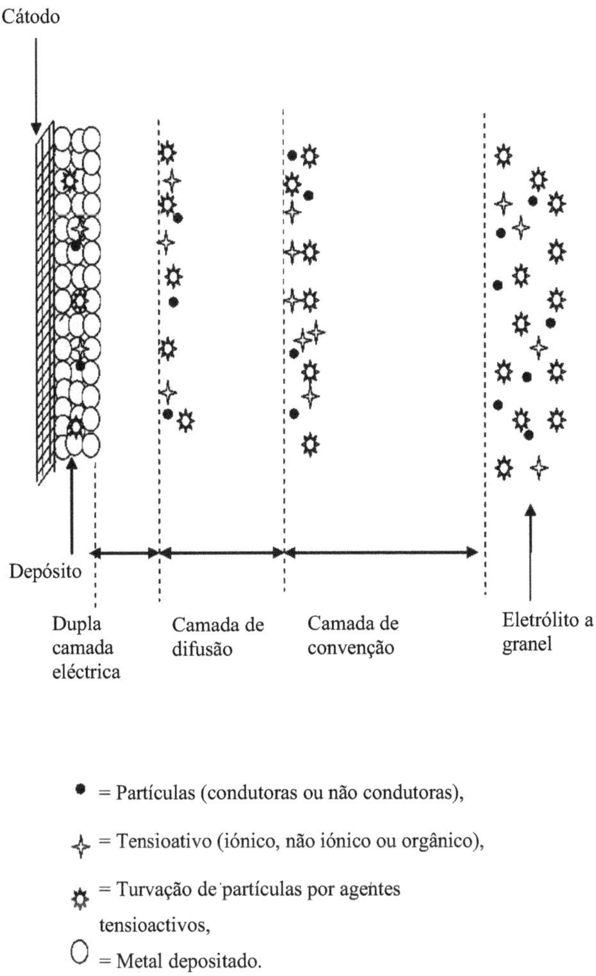

Figura 5.1 Mecanismo de co-deposição de partículas num depósito metálico.

5.3 Factores que afectam os revestimentos compósitos

Para o revestimento de materiais compósitos com matrizes metálicas, são utilizadas soluções semelhantes às utilizadas na galvanoplastia de metais e ligas. A principal diferença é que as soluções utilizadas na galvanoplastia de materiais compósitos são constituídas por partículas finas ou fibras dispersas. A co-deposição de partículas inertes na matriz metálica é afetada pela adsorção de partículas no cátodo. A concentração de partículas no depósito depende da sua concentração na solução, dos aditivos, do pH e da densidade da corrente. Muitos investigadores concluíram que o teor de partículas depositadas na matriz metálica aumenta com o aumento da concentração de partículas na solução. Em termos de tamanho das partículas, foram obtidos resultados diferentes para sistemas semelhantes. Os aditivos, como branqueadores ou agentes molhantes, têm impacto na co-deposição de partículas inertes. Os estudos sobre o efeito dos branqueadores ou agentes molhantes na quantidade de partículas sólidas seladas no depósito registam observações bastante contraditórias. Há casos em que a presença destas substâncias tende a aumentar a quantidade de partículas.

Densidade da corrente

Podem ser utilizados diferentes métodos galvanostáticos, incluindo técnicas de corrente contínua, corrente contínua pulsada e corrente inversa pulsada . O controlo galvanostático também pode ser utilizado. A corrente direta tem encontrado maior aceitação nos esforços de obtenção de compósitos de nanopartículas. Esta técnica resulta do conceito de que a incorporação de nanopartículas ocorre simultaneamente com a reação de redução de uma espécie iónica para atingir a superfície metálica. Existem muitos estudos comparativos entre a deposição por corrente contínua e por corrente pulsada. Por exemplo, para a eletrodeposição de níquel nanocristalino, é referido que, em corrente contínua, as nanopartículas (25 nm de alumina) são os principais agentes supressores do crescimento de núcleos (diâmetro médio dos grãos de 30 nm). No entanto, em corrente contínua pulsada, o comprimento do impulso é o fator de controlo (diâmetro médio dos grãos de 20 nm) [13]. Isto deve-se ao facto de ocorrer uma captura preferencial de nanopartículas, sendo as partículas grandes descartadas seletivamente durante o período de impulso inverso, criando um depósito mais fino com menor acumulação de nanopartículas.

Foram obtidas dispersões uniformes e bem dispersas de nanopartículas (80 nm de alumina) em niquelagem através da utilização conjunta de corrente pulsada e ultra-sons [14]. A corrente direta juntamente com ultra-sons também foi considerada em função da concentração de espécies electroactivas e foi descrito que os agregados de nanopartículas de alumina podem ser reduzidos utilizando uma menor concentração de iões metálicos [15].

A densidade de corrente também desempenha um papel importante na decisão da quantidade de nanopartículas de alumina incorporadas no níquel electrodepositado. Quando se utiliza um banho de sulfamato contendo nanopartículas de a-Al2O3 de 600-800 nm, observa-se um aumento da densidade de corrente, resultando numa microestrutura superficial rugosa correspondente e uma menor quantidade de nanopartículas incorporadas no depósito metálico [16]. No entanto, outro estudo com nanopartículas de alumina de 32 nm revelou que a extensão da incorporação das nanopartículas era proporcional ao tipo de eletrólito [17].

Efeito do pH e da temperatura

A temperatura do banho, bem como o pH de um eletrólito, também podem afetar a taxa de deposição na superfície do cátodo. A Figura 1.5 apresenta gráficos de pH vs. taxa de deposição para a deposição electrolítica de Ni-Cu-P contendo partículas de PTFE de 50-500 nm. Verifica-se que a taxa de deposição aumenta com um pequeno aumento do pH (possivelmente devido à melhoria da capacidade redutora do hipofosfito de sódio) e com um aumento da temperatura [18].

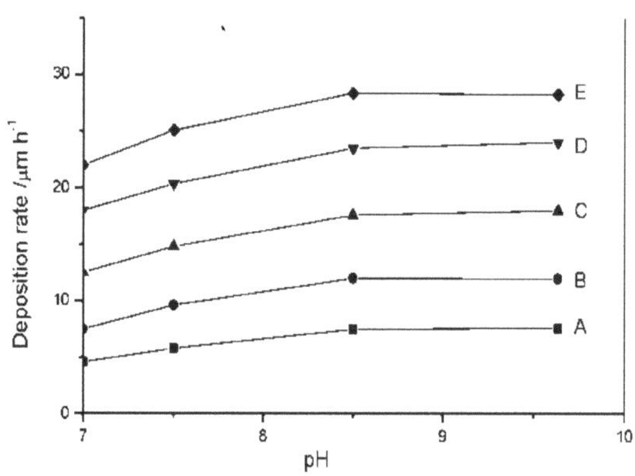

Figura 5.2 Efeito da temperatura do banho e do pH na deposição electrolítica de Ni-Cu-P contendo partículas de PTFE de 50-500 nm. A= 343 K, B=349 K, C=353 K, D=358 K, E=361 K.

Agitação

Para que os revestimentos com uma composição homogénea sejam formados, as partículas sólidas devem ser facilmente transportadas através das soluções e deve ser assegurada a prevenção da sua precipitação no fundo da célula de revestimento. Isto pode ser conseguido com uma boa agitação e a adição dos tensioactivos necessários.

Normalmente, a agitação da solução impulsiona o transporte de partículas e aumenta a sua quantidade no depósito. No entanto, uma agitação demasiado elevada pode afetar negativamente e reduzir a quantidade de partículas depositadas. Como resultado, o efeito da taxa da solução versus a concentração das partículas mostra um máximo. A estabilidade da suspensão é uma indicação da qualidade do material compósito depositado, e depende da taxa de sedimentação das partículas sólidas e da taxa de sedimentação, para um caso ideal de partículas esféricas, como explicado pela lei de Stokes com a seguinte fórmula:

$$y = \frac{2gd_p^2 (\rho_p - \rho_e)}{9\upsilon}$$

A expressão explica que a velocidade de sedimentação, y, é diretamente proporcional à dimensão das partículas, ou seja, ao seu diâmetro, 'dp', à densidade das partículas 'p_p', à densidade do eletrólito 'p_e', e inversamente proporcional à viscosidade da solução, 'y'.

A Figura 5.3 demonstra a relação entre a taxa de rotação do elétrodo e a inclusão de partículas para um depósito de níquel com partículas de PTFE de 500 nm [19]. É possível obter uma taxa de incorporação óptima através da concentração de partículas e da velocidade de rotação. A uma densidade de corrente aplicada constante de 3 Adm^{-2}, a velocidade de rotação máxima identificada antes de qualquer perda na percentagem de volume de partículas muda com a carga de partículas no eletrólito. Este efeito também é percebido durante a codeposição de partículas de 32 nm de y-Al2O3 em depósito de cobre [20].

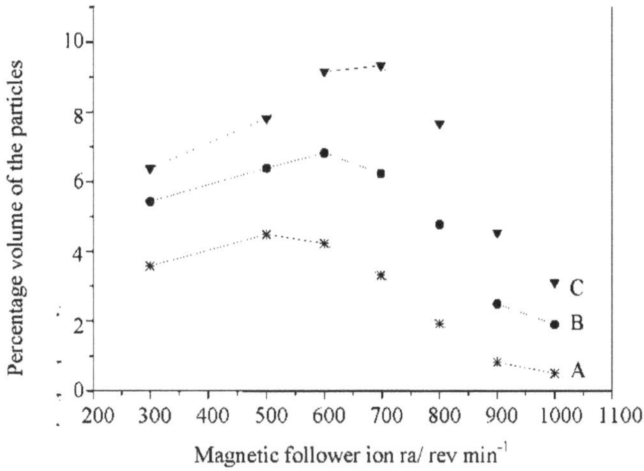

Figura 5.3 Influência da velocidade de rotação na quantidade de partículas de PTFE de 500 nm incorporadas num depósito de níquel. A= 10 gdm^{-3}, B= 20 gdm^{-3}, C= 30 gdm^{-3}, de partículas de PTFE na solução.

Efeito dos tensioactivos

Para evitar a aglomeração e a precipitação das partículas no eletrólito, sugere-se a adição de tensioactivos como o tanino, a gelatina, etc. A incorporação de tensioactivos melhora a molhabilidade das partículas e a estabilidade da suspensão. Os tensioactivos utilizados na galvanoplastia de materiais compósitos dividem-se em (i) Catiónicos, (ii) Aniónicos e (iii) Não iónicos.

Os tensioactivos catiónicos produzem uma carga líquida positiva nas partículas, o que as atrai electrostaticamente para o cátodo. Em contrapartida, os tensioactivos aniónicos (como alguns branqueadores ou agentes molhantes) produzem uma carga negativa nas partículas, o que resulta na redução da quantidade de partículas co-depositadas. A utilização de tensioactivos não-iónicos melhora geralmente a co-deposição de partículas sólidas. Os tensioactivos, que são utilizados na galvanoplastia de materiais compósitos, podem, até certo ponto, degradar a qualidade do revestimento (elevada tensão interna e fragilidade). Isto acontece devido à adsorção destas substâncias na superfície do elétrodo.

Efeitos das partículas nanométricas nas caraterísticas do depósito

Assume-se que o resultado da concentração de nanopartículas presentes no eletrólito sobre a sua concentração no depósito metálico se comporta como um fenómeno de adsorção de isoterma de Langmuir [21, 22]. A quantidade de nanopartículas na solução tem um efeito proeminente na fração de volume percentual das nanopartículas misturadas nos depósitos metálicos. Podem ser feitas duas observações básicas: (1) a fração volumétrica de nanopartículas no depósito metálico aumenta significativamente quando a quantidade de concentração de nanopartículas na solução aumenta e (2) o estado de saturação das partículas no depósito é

atingido com uma grande concentração de nanopartículas na solução.
O tamanho das partículas contribuirá para a taxa de incorporação no depósito de metal. Sabe-se que quando a dimensão das nanopartículas é menor, pode ser incorporada uma maior quantidade num depósito de metal por unidade de volume. Por exemplo, a taxa de incorporação de dois tamanhos diferentes de depósito de Al_2O_3 foi muito superior à do Al_2O_3 de 50 nm. No entanto, a quantidade de partículas de 50 nm de Al_2O_3 no depósito de níquel foi muito superior à quantidade de partículas de 300 nm de Al_2O_3 [23]. Verificou-se que o teor de nanopartículas no depósito influenciava tanto a rugosidade da superfície como a microestrutura do depósito de um depósito de níquel com nanopartículas de 32 nm de y-Al_2O_3, que passou de rugoso a liso à medida que a concentração de partículas na solução aumentava de 0 para 60 g dm^{-3} [20].
A presença de partículas nanométricas num depósito metálico pode provocar alterações na constituição cristalina do revestimento metálico. As experiências mostram que as nanopartículas de SiC de 20 nm têm impacto na formação competitiva de núcleos de níquel e no crescimento de cristais [24].
Outras investigações confirmaram que as nanopartículas de SiC de 20 nm podem dar origem a uma distribuição mais uniforme num depósito de níquel, em comparação com as micropartículas de SiC de 1 pm [25]. Para além da incorporação de nanopartículas nas bordas e nos bordos dos cristais de níquel, a investigação demonstrou que as nanopartículas também podem ser incorporadas no próprio cristal de níquel [26]. Estas observações foram reproduzidas noutros exames [27, 28] e verificou-se que a presença de nanopartículas irá perturbar o desenvolvimento cristalino de um depósito metálico, causando um aumento do número de defeitos na estrutura cristalina, promovendo uma estrutura nanocristalina com microdureza melhorada.

Quadro 5.3 Modelos de revestimentos compósitos

Modelo	Caraterísticas e pressupostos	Condições do depósito e do processo				
		Reação	Tamanhos das partículas (pm)	Densidade da corrente (mAcm^{-2})	Velocidade de rotação ro, rpm	Ref
Gugleimi 1972	Descreva a adsorção e a eletroforese. A As partículas são cobertas por metálicos adsorvidos. As caraterísticas das partículas e as condições do eletrólito são contabilizadas de forma semi-empírica. O efeito do fluxo não é considerado.	Ni/TiO_2 Ni/SiC	1-2	20-100	NG	29
Celis et al., 1987	Utiliza o conceito de probabilidade para descrever a quantidade de partículas que podem ser incorporadas numa determinada densidade de corrente. Massa transporte de partículas é diretamente proporcional ao transporte de massa de iões para o elétrodo de trabalho. O rácio volumétrico das partículas no depósito metálico irá (1) aumentar sob carga (2) diminuição sob controlo do transporte de massa.	Cu/Al2O3 Au/Al_2O_3	0.05	0-90	400-600	30

Fransaer et al,	Utiliza a trajetória para descrever a co-deposição de partículas não brownianas. Envolve duas etapas: (1) redução de iões metálicos; (2) codeposição de partículas	Cu/PS Ni/SiC	11 0.01-10	0-80 0-200	0-700 0-2000	12
Hwang et al., 1993	Uma melhoria de Modelo de Guglielmi. Utiliza três modos de densidade de corrente (baixa, intermédia, alta) para distinguir a redução do ião adsorvido nas partículas. Envolve três etapas: (1) convecção forçada de partículas para a superfície; (2) adsorção solta na superfície; (3) irreversível incorporação de partículas por redução dos iões adsorvidos.	Co-SiC	3	1-60	400	3
Vereecken et al., 2000	O transporte de partículas para a superfície é controlado por difusão convectiva. O Influência da partícula A força gravitacional e a hidrodinâmica são tidas em conta a várias densidades de corrente, válidas apenas quando a dimensão das partículas é inferior à espessura da camada de difusão. espessura da camada de difusão.	Ni/Al_2O_3	0.3	5-40	500-2000	31
Bercot e al., 2002	Uma melhoria de O modelo de Guglielmi, que incorpora um fator de correção (uma equação polinomial de terceira ordem) para ter em conta os efeitos da adsorção e das condições hidrodinâmicas	Ni/PTFE	0.5	10-70	400-1000	32

5.4 Revestimentos compostos de Zn

O revestimento composto de zinco é outro campo atrativo no qual o zinco metálico é revestido juntamente com cerâmica, polímeros e óxidos metálicos. O revestimento compósito é produzido a partir de soluções aquosas que contêm sais de zinco, pós compósitos dispersos e agentes tensioactivos ou de adição adequados. As caraterísticas do revestimento compósito são determinadas por factores electroquímicos como o potencial de eletrodeposição, a densidade da corrente, etc. O revestimento compósito oferece várias propriedades funcionais, como resistência ao desgaste, resistência à corrosão, etc.

Nas últimas décadas, a preparação de filmes de nanopartículas de zinco-grafite (Zn-Gnps) tem encontrado grande aceitação pela sua aplicação em vários domínios tecnológicos, para além das aplicações clássicas de galvanização, como modificações de eléctrodos, materiais fotoactivos, electrocatálise, materiais de adsorção, etc.

A incorporação de nanopartículas de diamante (DNPS) nos depósitos é vital, especificamente para revestimentos à base de Zn, que se espera venham a substituir os revestimentos que contêm Cr. O diamante com hibridação sp^3 possui propriedades tais como dureza e condutividade térmica invulgarmente elevadas, inércia química, transparência ótica, grande intervalo de banda, baixa taxa de desgaste mas elevado coeficiente de atrito. A combinação destas propriedades atraentes faz com que o diamante seja benéfico em várias aplicações, tais como ferramentas de corte e de trituração, permutadores de calor, janelas de infravermelhos e dispositivos electrónicos de alta frequência e alta potência.

A supressão das reacções catódicas e anódicas do compósito Zn-SiO2 no decurso do ensaio de corrosão foi detectada por medições de polarização potenciodinâmica. Sugeriu-se que os produtos de corrosão que são reforçados pelas partículas de SiO_2 actuam como uma película de barreira para a reação de corrosão do compósito Zn-SiO_2 e que a taxa de depleção do zinco metálico é muito baixa [33, 34].

Umilo et al. estudaram a elevada resistência à corrosão do revestimento de Zn-Co-Cr-Al_2O_3 e explicaram que tal se deve à formação de um cloreto de hidroxilo de zinco não condutor, que é um produto de corrosão reforçado por $Al2O^{3-}$ [35]. Além disso, Sakoda et al. afirmaram, com base nos resultados das avaliações de difração de raios X e EPMA (Electron Probe Microanalysis), que a resistência à corrosão do aço revestido de zinco se deve à baixa densidade de corrente de corrosão produzida pela formação de cloreto de hidroxilo de zinco não condutor, que é um produto de corrosão protetor [36]. Também apresentaram que o óxido de zinco foi produzido por corrosão excessiva da camada de zinco e que o compósito de zinco-cerâmica tem uma elevada resistência à corrosão devido à baixa densidade de corrente de corrosão que pode ser afetada pela microestrutura do produto de corrosão protetor.

S. Hashimoto et al. determinaram a microestrutura dos compósitos Zn-SiO2 electrodepositados antes e depois dos testes de corrosão e mostraram que o revestimento composto Zn-SiO2 altamente resistente à corrosão é desenvolvido no aço devido à formação de hidróxido de zinco, óxido de zinco e cloreto de hidroxilo de zinco [37].

O compósito de metais do grupo Zn-Fe-SiO2 foi electrodepositado a partir de banhos ácidos de sulfato, com iões metálicos e partículas de SiO2 de 20 nm de diâmetro médio. Os depósitos adquiridos foram avaliados por análise química húmida, TEM, XPS e XRD. O comportamento de codeposição de compósitos de metais do grupo Zn-Fe-SiO_2 foi deliberado [38].

D. Aslanidis et al [39] explicaram a codeposição electrolítica de partículas de sílica esféricas puras e modificadas com titânia com zinco a partir de electrólitos de sulfato de zinco num elétrodo de disco rotativo. Foi estudada a adsorção de iões de zinco na sílica e o comportamento da superfície dos revestimentos compostos de zinco-sílica como uma variável do pH da solução de revestimento. Foi relatado que a adsorção de iões de zinco na sílica, a codeposição de sílica e a produção de hidróxidos melhoram com o pH. Observou-se que as partículas de sílica modificadas com titânio se codepositam a pH baixo. A sua incorporação no zinco a partir de electrólitos de pH baixo é elucidada com base num efeito de obstrução do elétrodo pelas partículas adsorvidas, resultando num aumento local do pH no ambiente do cátodo. Este facto leva ao desenvolvimento de hidróxidos, o que faz com que as partículas de sílica se co-depositem com o zinco, mesmo a partir de soluções de banho de baixo pH global.

A codeposição eletroquímica de partículas de poliestireno e zinco num elétrodo de disco rotativo foi apresentada por Hovestad et al [40]. As determinações reológicas indicam uma forte agregação das partículas de PS no eletrólito de deposição de zinco. A inclusão de CTAB, um tensioativo catiónico, evita a aglomeração e promove a codeposição do poliestireno.

O.P. Modi et al [41] distribuíram uma liga à base de zinco (Zn-37,2%, Al-2,5%, Cu-2% Mg) com 10 wt % de partículas de Al_2O_3 (tamanho 75-150 p.m) para sintetizar o compósito por uma rota de metalurgia líquida usando a técnica Vortex. O compósito fundido foi moldado sob a forma de um disco de 6 mm de espessura e 120 mm de diâmetro, utilizando moldes de ferro fundido. Os resultados experimentais mostraram evidências de que o compósito possuía maior resistência ao desgaste do que a liga de base dentro das condições experimentais escolhidas.

B.K. Prasad [42] explicou a eficácia de um lubrificante sólido adicionado externamente na resposta ao desgaste por deslizamento de uma liga de zinco-alumínio, do seu compósito e do ferro fundido. Foi estudado o papel de um lubrificante sólido adicionado externamente, como a grafite, no controlo do comportamento de desgaste por deslizamento de uma liga à base de zinco. Os efeitos da dispersão de partículas duras de carboneto de silício na liga foram também examinados através da exposição do compósito a condições de ensaio idênticas. O estudo sugere que a resposta ao desgaste das amostras avança na presença de partículas de grafite suspensas no óleo lubrificante. Também as partículas de carboneto de silício dispersas apresentaram um progresso significativo no desempenho de desgaste da liga da matriz.

Está provado que as ligas à base de zinco têm potencial para substituir uma série de ligas ferrosas e não ferrosas em muitas aplicações de engenharia que incluem a ação de deslizamento na presença de um lubrificante líquido [43]. Verificou-se que a dispersão de partículas cerâmicas duras, como o carboneto de silício, aumenta as propriedades mecânicas e de desgaste por deslizamento das ligas à base de zinco [44]. Os componentes de ferro fundido cinzento são amplamente utilizados em aplicações de desgaste por deslizamento [45]. A presença de lubrificantes sólidos, como a grafite, tem demonstrado melhorar o desempenho em termos de desgaste de substâncias como os ferros fundidos [46], enquanto que no caso das ligas de alumínio se registou uma resposta mista [47]. O desempenho em termos de desgaste depende da natureza, do tipo e do conteúdo do lubrificante sólido [48]. Os lubrificantes sólidos podem servir o objetivo apenas por estarem presentes no sistema metálico [49] ou por serem incluídos externamente entre as superfícies de contacto de forma independente [50].

A. Gomes et al. [51] explicaram que os compósitos Zn-TiO_2 foram eficazmente preparados por eletrólise de impulsos utilizando um banho de eletrodeposição de zinco com partículas de TiO_2 uniformemente dispersas com e sem incorporação de surfactante. Os resultados experimentais mostraram quc a orientação dos cristais da matriz de zinco mudou de uma textura (101) para uma textura (002) quando o valor do pH do banho de eletrodeposição foi reduzido. A presença de um tensioativo (CTAB) resultou numa redução do tamanho do grão da matriz de zinco, mas não se verificou qualquer impacto na dispersão das partículas semicondutoras.

S. Jegannathan et al. [52] estudaram a formação de depósitos compostos de fosfato de zinco-zinco pela técnica de tratamento eletroquímico catódico. Os resultados experimentais revelaram que o processo de fosfatação catódica proporciona algumas vantagens distintas - não requer um promotor específico no banho, é capaz de produzir revestimentos de boa qualidade mesmo a baixa temperatura, permite a deposição de revestimentos com a espessura desejada, proporcionando assim vantagens em termos de poupança de energia, redução do custo de processamento e melhoria da vida das plantas.

CAPÍTULO 6

APLICAÇÕES DA ZINCAGEM

Secção-6.1 Eletrodeposição de zinco a partir de um banho de cloreto contendo o produto de condensação de cloridrato de tiamina e furfural [CP6]

Nesta secção, tenta-se preparar um agente de adição não tóxico e solúvel em água para a eletrodeposição de zinco brilhante a partir de uma solução não cianetada. A consequência do CP6 na qualidade do depósito, na eficiência da corrente catódica (CCE), na potência de lançamento (TP), na morfologia da superfície e na orientação cristalográfica dos depósitos foi objeto de estudo. Foram realizados estudos electroquímicos dos espécimes de aço galvanizado na presença e ausência de aditivo.

O produto de condensação foi preparado por refluxo das quantidades equimolares de THC (1 g) e FFL (0,60 mL) em meio de etanol (20 mL) durante 3 h a 343 K. A conclusão da reação foi observada por TLC. O produto resultante foi diluído para 100 ml com água destilada e uma quantidade conhecida da solução foi adicionada ao banho de eletrodeposição. A solução do banho foi agitada durante 30 minutos antes da realização

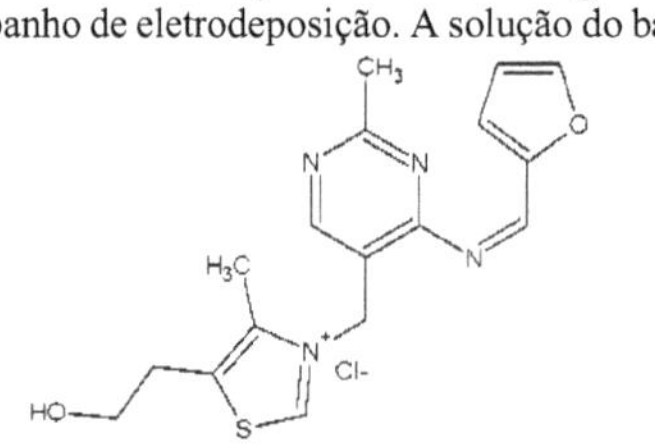

das experiências

3-[(4-{[2-furylmethylene]amino}-2-methylpyrimidin-5-yl)methyl]-5-(2-hydroxy ethyl)-4-methyl-1,3-thiazol-3-ium chloride [CP_6].

As experiências com a célula de Hull com solução de banho alcalina [Tabela 4A(b)] forneceram um depósito grosseiro e baço na gama de densidade de corrente entre 1,0 e 5,0 Adm^{-2} a uma corrente de célula 1A. Para aumentar a natureza do depósito, foi colocado CP6 na solução de banho. A partir da experiência com células de Hull, identificou-se que a concentração óptima de CP6 na solução de revestimento era de 8 mLL^{-1}. Com uma concentração de 8 mLL^{-1}, o banho produziu um depósito brilhante espelhado na gama de densidades de corrente de 0,5 a 5,0 Adm^{-2} [Figura 6.1A(b)].

Para determinar o efeito da concentração de iões de zinco nas propriedades do depósito, a concentração de cloreto de zinco foi alterada de 10 para 40 gL^{-1}. A uma concentração de 32 gL^{-1}, foi encontrado um depósito brilhante e agradável na gama de densidades de corrente de 0,5 a 5,0 Adm^{-2} a uma corrente de célula 1A [Figura 6.1A(c)]. Com um aumento adicional da concentração de cloreto de zinco, não se observou qualquer melhoria na natureza do depósito. A concentração de cloreto de zinco foi mantida constante a 32 gL^{-1}.

De acordo com a experiência da célula de Hull [Figura 6.1A(d)], a concentração óptima de cloreto de amónio foi estimada em 200 gL^{-1}. Com uma concentração de 200 gL^{-1}, foi obtido um depósito brilhante na gama de densidades de corrente de 0,5 a 5,0 Adm^{-2}. A concentração de cloreto de amónio foi mantida constante a 200 gL^{-1}.

A concentração de ácido bórico foi variada de 10 a 30 gL^{-1}. Uma concentração menor de ácido bórico (< 10 gL^{-1}) resultou num depósito brilhante na gama de densidade de corrente de 0,5 a 3,0 Adm^{-2}. A uma concentração de 20 gL^{-1}, obteve-se um depósito brilhante espelhado no intervalo de densidade de corrente de 0,5 a 5,0 Adm^{-2}. A concentração de ácido bórico foi mantida a 20 gL^{-1} como óptima na solução de banho [Figura 6.1A(e)].

O pH do banho de revestimento afecta grandemente a região de densidade de corrente brilhante no cátodo da célula de Hull. As experiências com células de Hull efectuadas a um pH de 3 produziram cátodos brilhantes na gama de corrente de 0,5 a 5,0 Adm^{-2} a uma corrente de célula 1A. A pH baixo (< 3), a região de baixa densidade de corrente não foi revestida e a pH alto (> 3) e a região de alta densidade de corrente cobriu o depósito queimado. O pH ótimo do banho foi mantido em 3 [Figura 6.1A(f)].

As experiências em células de casco indicaram que a gama de temperaturas óptima para obter um depósito brilhante era de 293 a 303 K [Figura 6.1A(g)]. A temperaturas mais elevadas (> 303 K), o fornecimento de iões ao cátodo é aumentado, pelo que se obtém um depósito de má qualidade. Além disso, a taxa de crescimento dos núcleos é acelerada, resultando num depósito de grão grosseiro.

As experiências com células de Hull foram realizadas com diferentes correntes de célula (1 a 4A) durante 10 min, utilizando uma solução de banho óptima. Observou-se que, a uma corrente de célula de 1A, o depósito era brilhante na gama de densidade de corrente de 0,5 a 5,0 Adm^{-2} [Figura 6.1A(h)]. A uma corrente celular de 2A, o depósito era brilhante na gama de densidades de corrente de 1,0 a 5,0 Adm^{-2}. Com correntes de célula de 3A e 4A, os painéis de células Hull exibiram um depósito queimado na região de alta densidade de corrente. Esta observação mostrou que o banho produziu um depósito brilhante no intervalo de densidade de corrente de 0,5 a 5,0 Adm^{-2}.

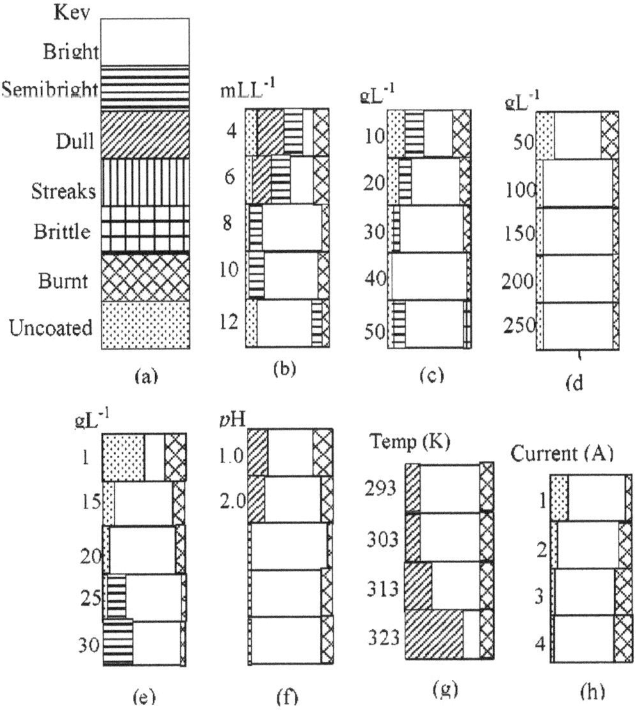

Figura 6.1A: Figuras de células do casco: (a) Chave, (b) Efeito do CP6, (c) Efeito do ZnCl2, (d) Efeito do NH4Cl, (e) Efeito do H3BO3, (f) Efeito do pH, (g) Efeito da temperatura, (h) Efeito da corrente da célula.

6.1.1 Medições da eficiência da corrente e da potência de emissão

A eficiência da corrente aumenta quando a densidade da corrente varia de 1,0 a 2,0 Adm^{-2}. Ao aumentar a densidade de corrente acima de 3,0 Adm^{-2}, notou-se que a eficiência da corrente diminuiu, o que foi atribuído à melhoria da evolução do hidrogénio.

Com o aumento da densidade de corrente de 1,0 para 5,0 Adm^{-2}, a potência de lançamento desceu de 26% para 21%, em resultado do aumento da polarização. A alteração da potência de lançamento e da eficiência da corrente com a densidade de corrente é apresentada na Tabela 6.1A.

Tabela 6.1A Eficiência de corrente e potência de lançamento para a solução de banho óptima a diferentes densidades de corrente.

Densidade da corrente (Adm^{-2})	Eficiência atual (%)	Potência de lançamento (%)
1	92	26
2	95	29
3	93	23
4	92	23
5	89	21

6.1.2 Medições electroquímicas

A variação do potencial com diferentes constituintes do banho é apresentada na Figura 6.1B. O aditivo pode estar fortemente ligado à superfície do cátodo. Assim, a curva de polarização na presença de CP_6 moveu-se para uma direção mais negativa.

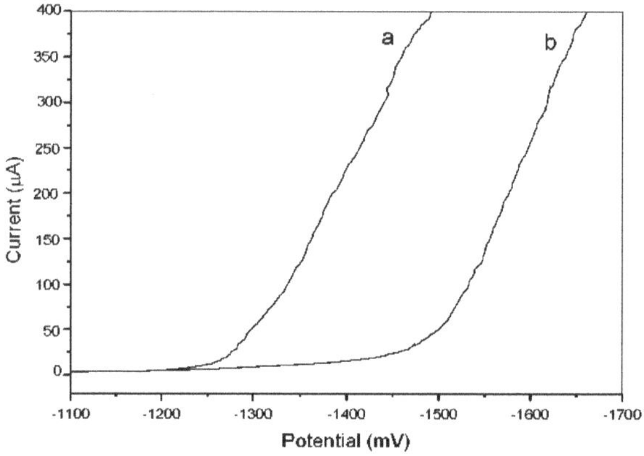

Figura 6.1B Curvas de polarização catódica de depósitos de zinco: a) Banho básico, b) Banho ótimo.

A Figura 6.1C representa os voltamogramas cíclicos do zinco galvanizado com e sem agentes de adição a uma velocidade de varrimento de 40 mVs^{-1}. O potencial de corrosão livre para o depósito de Zn brilhante é mais negativo em comparação com o depósito de Zn alcalino, o que identifica o depósito de Zn brilhante como um revestimento protetor catódico ideal para o aço macio em solução de cloreto ácido

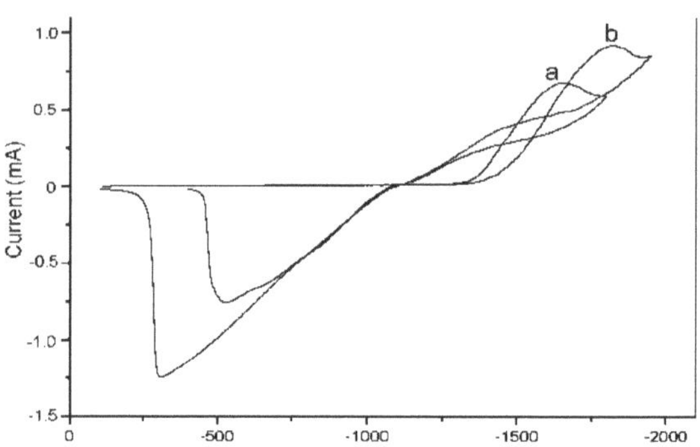

Figura 6.1C Voltamogramas cíclicos de depósitos de zinco: a) Banho básico, b) Banho ótimo.

Estudos de névoa salina

Neste caso, o depósito de zinco puro produziu ferrugem branca após 24 h e o depósito brilhante produziu ferrugem branca após 144 h. O artigo passivado com cromato não produziu ferrugem branca mesmo após 144 h de ensaio. Este ensaio comprova o aumento da resistência à corrosão do depósito de zinco obtido na presença do CP6.

Estudos de corrosão

A Figura 6.1D mostra a taxa de corrosão para amostras de aço depositadas em zinco obtidas de banhos alcalinos e óptimos. A solução de NaCl a 3,5 wt.% foi utilizada como meio corrosivo. A taxa de corrosão foi mais elevada para o revestimento de zinco puro do que para o revestimento de zinco brilhante. Além disso, concluiu-se que a presença de aditivos no depósito aumenta a propriedade de resistência à corrosão.

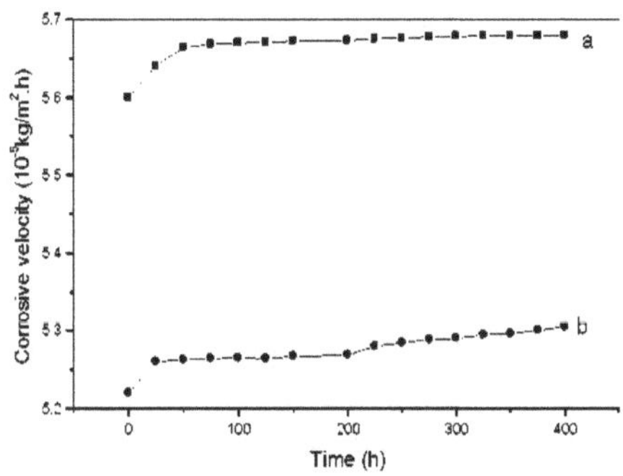

Figura 6.1D Variação da taxa de corrosão com o tempo de imersão para amostras de aço revestidas com zinco em solução de NaCl a 3,5 wt.%: (a) Depósito de zinco puro, (b) Depósito de zinco brilhante.

O potencial de corrosão dos espécimes de aço depositados com zinco em solução de NaCl a 3,5 wt.% foi examinado em função do tempo de imersão. A Figura 6.1E compara os valores do potencial de corrosão das placas de aço revestidas com zinco com o tempo. No início da corrosão, os revestimentos de zinco brilhante aumentaram significativamente *o* E_{corr} para valores mais negativos em comparação com o revestimento de zinco puro. Os aditivos presentes no depósito diminuem os sítios activos de corrosão e tornam o revestimento mais resistente à corrosão. Este facto revela uma boa estabilidade química do depósito obtido a partir de um banho optimizado.

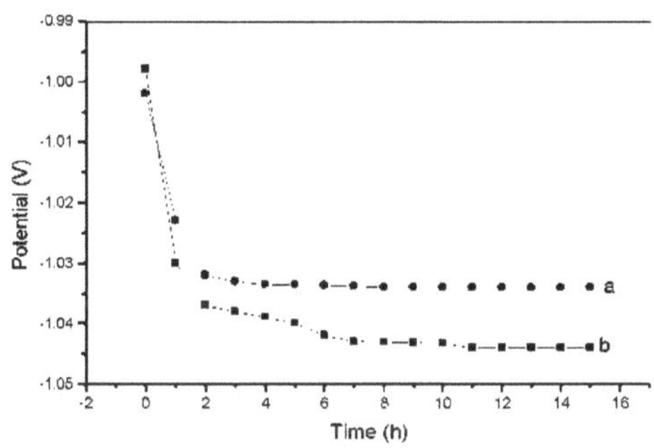

Figura 6.1E Variação do potencial de corrosão (E_{corr}) com as amostras revestidas por imersão em solução de NaCl a 3,5 wt.%: (a) Depósito de zinco básico, (b) Depósito de zinco brilhante.

Estudos de morfologia da superfície

A natureza do crescimento dos cristais com e sem agentes de adição é explicada com a ajuda de fotomicrografias SEM e é mostrada na Figura 6.1F. A figura 6.1F(a) é a fotomicrografia SEM do depósito obtido a partir do banho alcalino e mostra um depósito de grão grosseiro com tamanho de cristal irregular. A fotomicrografia SEM do depósito obtido a partir do banho ótimo representa um crescimento perfeito dos cristais, uma disposição uniforme dos cristais, um refinamento do tamanho dos cristais e, consequentemente, um depósito brilhante [Figura 6.1F(b)]. A Figura 6.1F(c) é a fotomicrografia SEM do depósito passivado.

Figura 6.1F Fotomicrografias SEM dos depósitos de zinco obtidos a 2,0 Adm^{-2}: a) Banho básico, b) Banho optimizado, (c) Depósito passivado.

A Figura 6.1G mostra as imagens SEM de espécimes de aço revestidos com zinco mate e brilhante após medições de perda de peso em solução de NaCl a 3,5 wt.% durante 15 dias. Foi observado um grande número de pontos de produtos de corrosão na imagem SEM da amostra revestida com zinco baço [Figura 6.1G(a)]. Foi observada muito pouca corrosão nos espécimes depositados brilhantes [Figura 6.1G(b)].

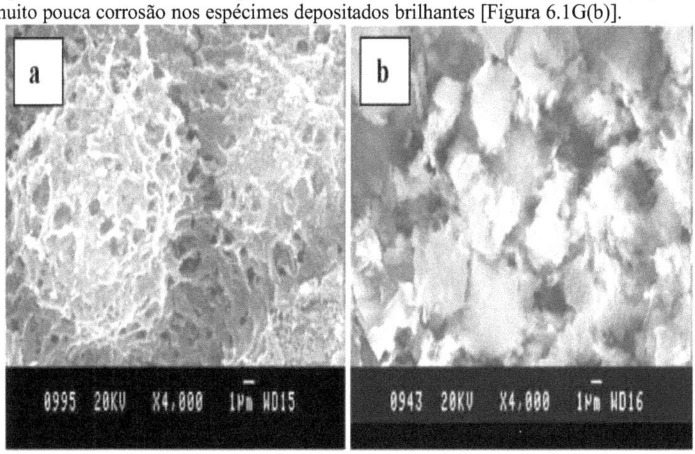

Figura 6.1G Fotomicrografias SEM de depósitos de zinco após 15 dias de medições de perda de peso em solução de NaCl a 3,5 wt.%: (a) Depósito de zinco básico, (b) Depósito de zinco brilhante.

A partir dos resultados dos estudos fotomicrográficos de secção transversal SEM, verificou-se que a espessura do revestimento era da ordem de 15 a 20 gm (Figura 6.1H).

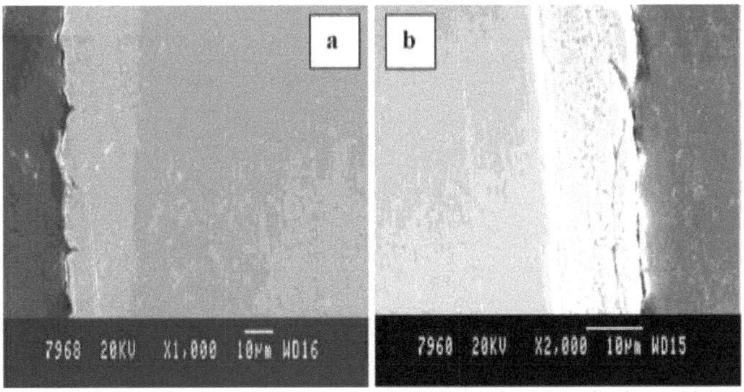

Figura 6.1H Fotomicrografias de secção transversal SEM dos depósitos de zinco; (a) Depósito de zinco básico, (B) Depósito de zinco brilhante.

O estudo de imagens SEM mostrou que o depósito obtido na presença de CP6 apresentou maior resistência à corrosão.

Estudos de adesão e porosidade

Os espécimes de aço revestidos dos depósitos na presença e na ausência de aditivos foram sujeitos a flexão de 180^0 a 90^0, como se mostra na Figura 6.1I. Não se observou qualquer fissura ou descolamento no depósito, mesmo após uma flexão de 180°. Este facto indica uma boa aderência e ductilidade do depósito de zinco no aço.

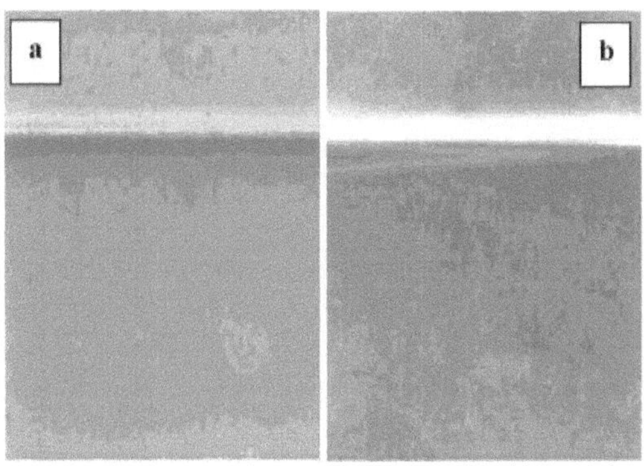

Figura 6.1I Artigos de aço galvanizados com zinco após flexão a 180°: (a) Depósito de zinco básico, (B) Depósito de zinco brilhante.

Os depósitos obtidos a partir do banho básico apresentavam poros mesmo a uma espessura de 15 g, enquanto os depósitos obtidos a partir do banho ótimo não apresentavam quaisquer poros mesmo a uma espessura de 10 g. Este facto indica o carácter isento de poros do depósito obtido na presença do agente de adição.

Estudos de difração de raios X

As figuras 6.1J e 6.1K mostram os padrões de difração de raios X dos electrodepósitos de zinco obtidos a partir do banho básico e ótimo, respetivamente. Todos os depósitos são de natureza cristalina e têm uma estrutura hexagonal. O valor 'd' observado está em boa concordância com os valores padrão para a deposição de zinco (ficheiro JCPDS/ASTM n.º 1* 40831Zn). A dimensão cristalina foi estimada a partir da largura total a meio máximo (FWHM) dos picos de raios X presentes no difractograma e os resultados correspondentes são apresentados na Tabela 6.1B. Os padrões de raios X do revestimento contendo aditivo indicaram um alargamento dos picos de difração. Este alargamento é atribuído ao refinamento da microestrutura do depósito. O tamanho médio do depósito obtido a partir do banho alcalino é de ~65 nm e o do banho ótimo é de ~20 nm.

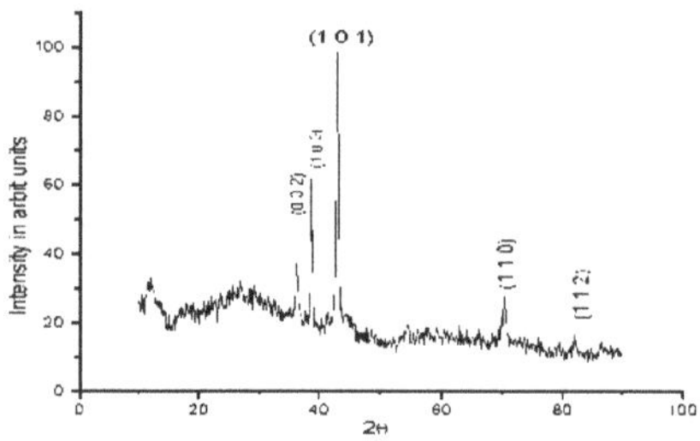

Figura 6.1J Padrões de difração de raios X do depósito de zinco obtido a partir do banho sem CP6.

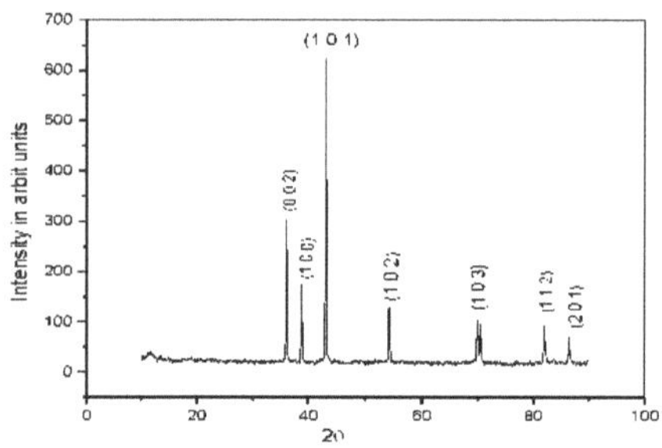

Figura 6.1K Padrões de difração de raios X do depósito de zinco obtido a partir do banho com CP6.

Tabela 6.1B Parâmetros derivados dos dados de XRD

Sistema de banho	Média Tamanho do cristal (nm)	20		hkl
		Observado	Padrão	
Banho básico	37.50	36.15	36.29	(0 0 2)
	83.43	38.80	38.90	(1 0 0)
	44.80	43.09	43.23	(1 0 1)
	84.50	54.30	54.30	(1 0 2)
	72.30	70.10	70.07	(1 0 3)
	76.97	81.90	82.00	(1 1 2)
	78.54	86.54	86.40	(2 0 1)
Banho ideal	15.63	36.32	36.29	(0 0 2)
	19.30	38.80	38.90	(1 0 0)
	20.64	43.03	43.23	(1 0 1)
	24.20	70.60	70.60	(1 1 0)
	22.60	82.20	82.00	(1 1 2)

Estudos TEM

A figura 6.1L mostra a imagem TEM de um banho ótimo com um tamanho médio de grão de 20 nm. Os depósitos na presença de produto de condensação indicam uma granulometria muito fina. Existe uma concordância razoável entre o tamanho médio dos grãos obtido pela técnica de XRD e o calculado a partir das imagens TEM.

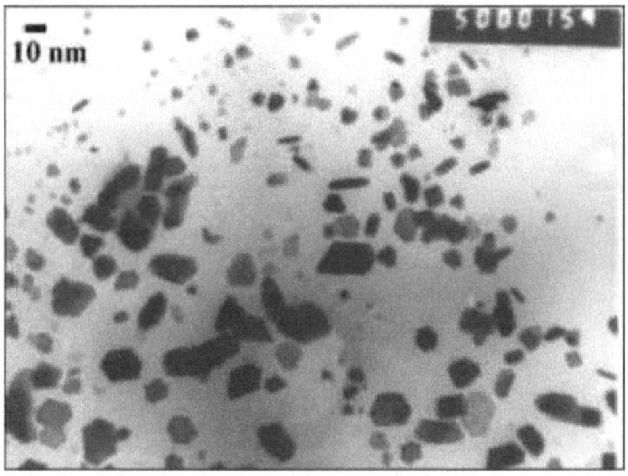

Figura 6.1L Imagem TEM do depósito de zinco obtido a partir do banho com CP_6.

Estudos EDX e FTIR

Foram efectuados espectros de EDX para determinar os elementos presentes no depósito. A Figura 6.1M e a Figura 6.1N apresentam os espectros de EDX do depósito de zinco sucateado obtidos na ausência e na presença de CP_6. A Figura 6.1N mostra uma linha caraterística adicional correspondente a S. Estes dados revelam a interação do produto de condensação com os iões de zinco e o seu efeito no crescimento cristalino do depósito de zinco na superfície do cátodo

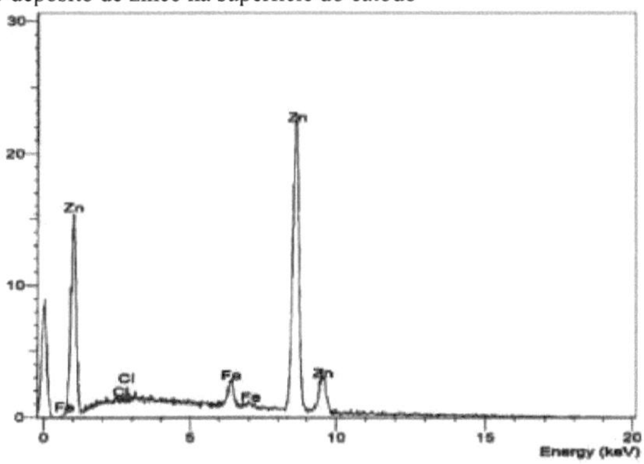

Figura 6.1M Espectro EDX do depósito de zinco obtido a partir do banho sem CP6

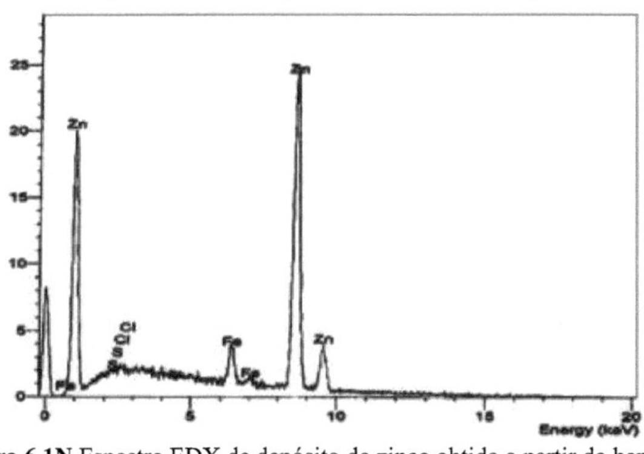

Figura 6.1N Espectro EDX do depósito de zinco obtido a partir do banho com CP6.

A Figura 6.1O apresenta o espetro FTIR para o zinco depositado na presença de CP6. O espetro FTIR mostra picos de absorção a 3432, 1595, 1384 e 1335 cm^{-1} que são atribuídos a frequências de estiramento O-H, estiramento -C=N- e estiramento C-N, respetivamente. Os picos de absorção no espetro de FTIR provam a inclusão de CP_6 no depósito durante a eletrodeposição.

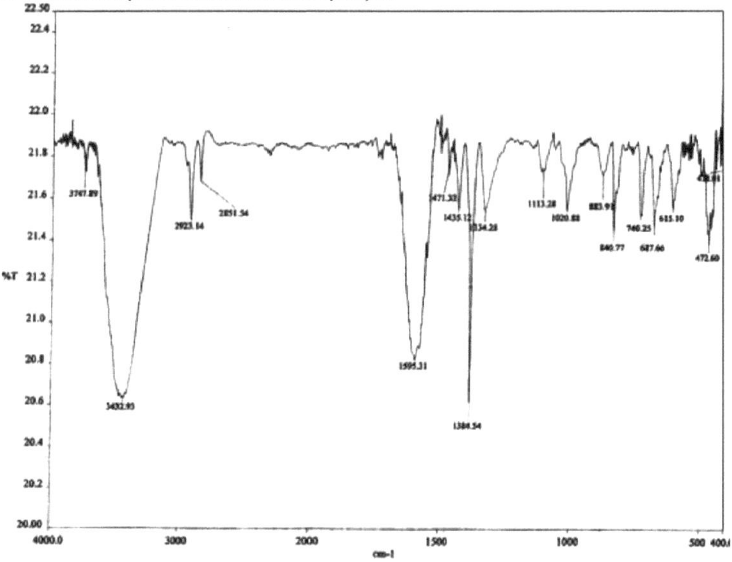

Figura 6.1O espetro FTIR do depósito de zinco raspado obtido a partir do banho com CP6.

Quadro 6.1C Composição óptima do banho e condições de funcionamento

Composição do banho	Quantidade (gL^{-1})	Condições de funcionamento
ZnCl2	32	Ânodo: Zinco metálico
NH4Cl	200	Cátodo: aço macio
H3BO3	20	Temperatura: 293-303K
CP6 (THC-FFL), (mLL^{-1})	8	Corrente da célula: 1A

6.1.3 Conclusões

- A deposição eletroquímica de zinco a partir de um banho aquoso de cloreto de ácido deu origem a um revestimento uniforme, brilhante e fortemente aderente em aço macio.
- Os resultados dos estudos de difração de raios X, SEM e TEM revelaram a formação de um revestimento de zinco nanocristalino na presença de CP6.
- Os estudos de polarização potenciodinâmica e de SEM revelaram que o CP6 actua como uma barreira protetora contra a camada de corrosão do aço macio em meios agressivos.
- A eficiência da corrente catódica e a potência de lançamento do depósito de zinco nanocristalino foram de ~95% e ~29%, respetivamente.
- O CP6 pode ser facilmente sintetizado, é solúvel em água e não é tóxico.
- A preparação e o funcionamento do banho são fáceis, pelo que pode ser comercializado para aplicações industriais.

Secção 6.2 Efeito da N-acetilglicina e do glutaraldeído na eletrodeposição da liga Zn-Mn sobre o aço

O presente estudo centra-se num banho de sulfato ácido. A solução de banho foi preparada utilizando ZnSO<7H2O, MnSO<H2O, Na2SO<6H2O e H3BO3. A combinação de N-acetilglicina e glutaraldeído foi utilizada como sistema aditivo na eletrodeposição da liga Zn-Mn a partir de um banho de sulfato ácido.

As experiências da célula de Hull com a solução de banho básica (Tabela 6.2A) foram efectuadas sem agitação. A natureza e o aspeto do depósito da liga Zn-Mn foram cuidadosamente avaliados e registados através dos códigos da célula de Hull.

Quadro 6.2A Composição básica do banho e condições de funcionamento

Componentes de banho	Quantidade (gL^{-1})	Condições de funcionamento
ZnSO4^O	50	Ânodo: Zinco metálico (99,99%)
Na_2SO_4-$6H_2O$	50	Cátodo: aço macio
$MnSO_4$-H_2O	40	Agitação: Ar
H3BO3	25	

A solução de banho básica produziu um depósito grosseiro e baço entre a gama de densidade de corrente de 1,0 e 4,0 Adm^{-2} a uma corrente de célula de 1 A. Para melhorar a natureza do depósito, foi adicionada à solução de banho uma combinação de N-acetilglicina e glutaraldeído. A concentração de N-acetilglicina foi alterada mantendo a concentração de glutaraldeído constante. Com uma concentração de 1,5 gL^{-1} de N-acetilglicina e 2 mLL^{-1} de glutaraldeído, respetivamente, o banho produziu um depósito brilhante na gama de densidades de corrente de 0,5 a 4,0 Adm^{-2}. Os padrões das células de Hull são apresentados na Figura 6.2A(b).

Para determinar o efeito da concentração de iões de zinco nas caraterísticas do depósito, a concentração de sulfato de zinco foi variada de 20 a 120 gL^{-1}. Com concentrações mais baixas, o depósito brilhante foi encontrado na faixa de densidade de corrente entre 1,0 e 3,0 Adm^{-2}. Na região de baixa densidade de corrente, foram obtidos depósitos não revestidos e na região de alta densidade de corrente, depósitos queimados. Com o aumento da concentração de sulfato de zinco, a gama de brilho foi alargada às regiões de maior e menor densidade de corrente. A uma concentração de 80 gL^{-1}, obteve-se um depósito com brilho aceitável. Acima desta concentração, não foi observada qualquer melhoria da natureza do depósito. A concentração de sulfato de zinco foi mantida a 80 gL^{-1} como óptima [Figura 6.2A(c)].

A concentração de sulfato manganoso foi alterada de 15 para 90 gL^{-1}. A baixa concentração, os painéis das células Hull apresentavam um depósito queimado na região de alta densidade de corrente e uma área não revestida na região de baixa densidade de corrente. Verificou-se que as regiões queimadas e não revestidas diminuíam com o aumento da concentração de MnSO4 e, a 45 gL^{-1}, o depósito era brilhante acima da gama de densidade de corrente de 0,5 a 4,0 Adm^{-2}. Um aumento adicional da concentração (> 45 gL^{-1}) não produziu qualquer melhoria na natureza do depósito. Assim, a concentração de sulfato manganoso foi mantida a um nível ótimo de 45 gL^{-1} na solução de banho. Os padrões das células de Hull são apresentados na Figura 6.2A(d).

A concentração de sulfato de sódio variou de 20 a 140 gL^{-1}. A baixas concentrações, os painéis de células Hull foram afectados por áreas não revestidas na região de baixa densidade de corrente. Verificou-se que a região não revestida foi reduzida e, a 60 gL^{-1} de sulfato de sódio, o depósito era brilhante na gama de densidades de corrente de 0,5 a 4,0 Adm^{-2}. Um aumento adicional da concentração (> 60 $gL^{-1)}$produziu um depósito queimado na região de alta densidade de corrente. A concentração de sulfato de sódio foi óptima a 60 gL^{-1} na solução de banho. Os padrões da célula de Hull são mostrados na Figura 6.2A(e).

A concentração de EDTA variou de 5 a 40 gL^{-1}. A baixa concentração, o depósito foi queimado na região de alta densidade de corrente e não revestido na região de baixa densidade de corrente. Com o aumento da concentração de EDTA, verificou-se que as regiões queimadas e não revestidas diminuíram e, com 15 gL^{-1} de EDTA na solução de banho, o depósito era brilhante na gama de densidade de corrente de 0,5 a 4,0 Adm^{-2}. Assim, a concentração de EDTA foi óptima a 15 gL^{-1} na solução de banho [Figura 6.2A(f)].

A concentração de CTAB variou de 0,25 a 3 gL^{-1}. A baixa concentração, os painéis de células Hull desenvolveram um depósito queimado na região de alta densidade de corrente e permaneceram sem revestimento na região de baixa densidade de corrente. O depósito brilhante foi alcançado na gama de densidade de corrente de 0,5 a 4,0 Adm^{-2} a uma concentração de 1 gL^{-1}. Assim, a concentração de CTAB foi óptima a 1 gL^{-1} na solução de banho [Figura 6.2A(g)].

O pH da solução de banho foi variado de 1 a 5. A um *pH* mais baixo (< 2), os espécimes mostraram áreas não revestidas na região de baixa densidade de corrente e um depósito queimado na região de alta densidade de corrente. A pH 3, obteve-se um depósito brilhante aceitável. A um *pH* mais elevado (> 3), os painéis de células Hull produziram um depósito queimado na região de alta densidade de corrente. A partir das observações anteriores, o pH da solução de banho foi mantido a 3 como ótimo. Os padrões da célula de Hull são apresentados na Figura 6.2A(h).

A Figura 6.2A(i) mostra o efeito da temperatura nos painéis de células Hull. A uma temperatura mais baixa (< 303 K), a deposição foi brilhante na gama de densidade de corrente de 0,5 a 4,0 Adm^{-2} a uma corrente de célula 1A. Acima de 308 K, a deposição de era monótona na região de baixa densidade de corrente. Assim, a gama de temperaturas de funcionamento óptima foi de 293 a 303 K.

As experiências com a célula de Hull foram realizadas com várias correntes de célula (1 a 4A) durante 10 minutos, utilizando uma solução de banho óptima. Os padrões da célula de Hull são apresentados na Figura 6.2A(j). Verificou-se que, com uma corrente de célula de 1A, o depósito era brilhante na gama de densidade de corrente de 0,5 a 4,0 Adm^{-2}. Com uma corrente de célula de 2A, o depósito era brilhante na gama de densidade de corrente de 0,5 a 5,0 Adm^{-2}. Com correntes de célula de 3A e 4A, os painéis da célula Hull mostraram um depósito queimado a uma densidade de corrente superior a 2,5 Adm^{-2}. Esta observação revelou que o banho produziu um depósito brilhante na gama de densidades de corrente de 0,5 a 5,0 Adm^{-2}.

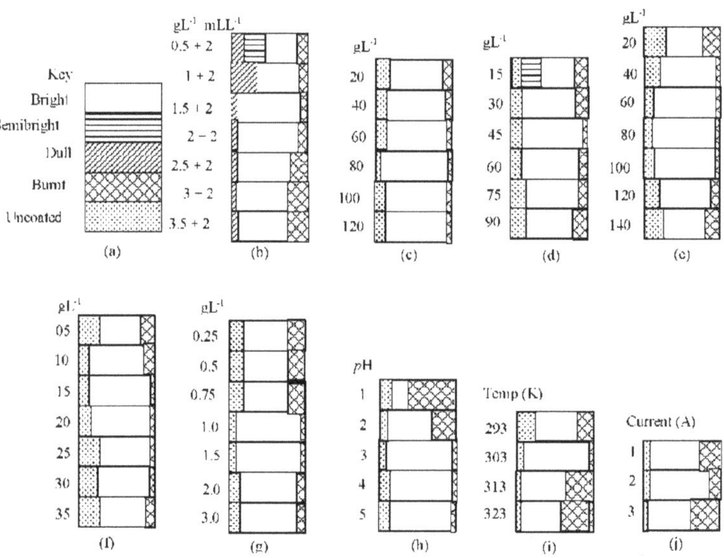

Figura 6.2A Figuras de células de casco: (a) Chave, (b) Efeito dos aditivos, (c) Efeito do $ZnSO_4$, (d) Efeito do $MnSO_4$, (e) Efeito do Na_2SO_4, (f) Efeito do EDTA, (g) Efeito do CTAB, (h) Efeito do pH, (i) Efeito da temperatura, (j) Efeito da corrente da célula.

6.2.1 *Medições electroquímicas*

A variação do potencial na presença de diferentes constituintes do banho é mostrada na (Figura 6.2B). A mudança no potencial catódico foi mais proeminente na presença de aditivos e foi menor na ausência de aditivos

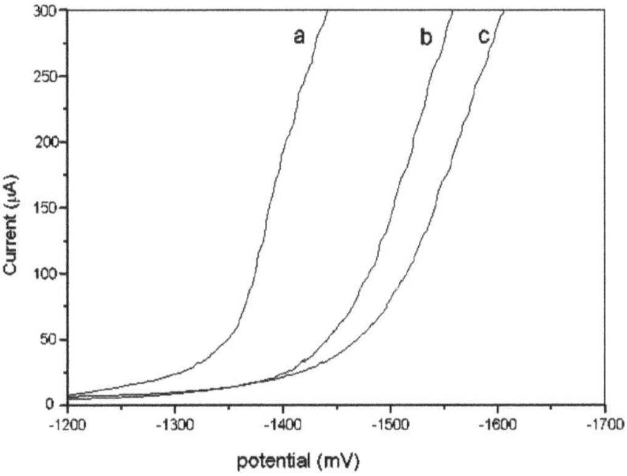

Figura 6.2B Curvas de polarização catódica para: a) depósito de liga Zn-Mn a partir de banho básico [BB], b) BB +
CTAB, c) Depósito de liga Zn-Mn a partir de um banho ótimo.

A Figura 6.2C mostra os voltamogramas cíclicos da liga Zn-Mn electrodepositada na presença e ausência de aditivos a uma velocidade de varrimento de 40 mVs^{-1}. O potencial de corrosão livre para o depósito de liga Zn-Mn brilhante é mais negativo em comparação com o do depósito de liga Zn-Mn básica, o que indica que o depósito de liga Zn-Mn brilhante é um revestimento protetor catódico ideal para o aço macio em solução de sulfato ácido.

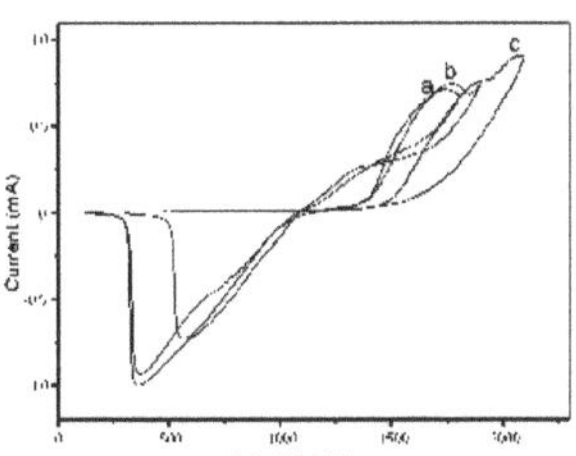

Figura 6.2C Voltamogramas cíclicos para: a) depósito de liga Zn-Mn a partir de banho básico [BB], b) BB + CTAB, c) depósito de liga Zn-Mn a partir de banho ótimo.

6.2.2 Medições da eficiência da corrente e da potência de emissão

A eficiência da corrente e a potência de lançamento foram medidas em diferentes densidades de corrente utilizando uma solução de banho óptima. Com densidades de corrente mais baixas (1,0 Adm^{-2}), a eficiência da corrente foi medida em 55%. A uma densidade de corrente de 2,0 Adm^{-2}, a eficiência foi aumentada para 59%. A eficiência máxima da corrente de 71% foi encontrada a 4,0 Adm^{-2}. Com o aumento da densidade de corrente acima de 4,0 Adm^{-2}, verificou-se que a eficiência da corrente diminuiu.

A potência de lançamento foi medida utilizando a célula de Haring e Blum em diferentes densidades de corrente. A baixas densidades de corrente, a potência de lançamento foi de 21% e, com o aumento da densidade de corrente, aumentou para 26%.

Tabela 6.2B Eficiência de corrente e potência de lançamento da solução de banho óptima a diferentes densidades de corrente.

Densidade da corrente (Adm^{-2})	Eficiência atual (%)	Potência de lançamento (%)
1	55	22
2	59	24
3	63	25

4	71	26
5	67	23

Estudos de morfologia da superfície

A natureza do crescimento dos cristais *com e sem* agente de adição é explicada com a ajuda de fotomicrografias SEM (Figura 6.2D). A fotomicrografia SEM do depósito obtido a partir do banho básico mostra um depósito de grão grosseiro com tamanho de cristal irregular [Figura 6.2D(a)]. A fotomicrografia SEM do depósito obtido a partir do banho optimizado mostra um crescimento cristalino perfeito, uma disposição uniforme dos cristais, um refinamento do tamanho dos cristais e, consequentemente, um depósito brilhante [Figura 6.2D(b)].

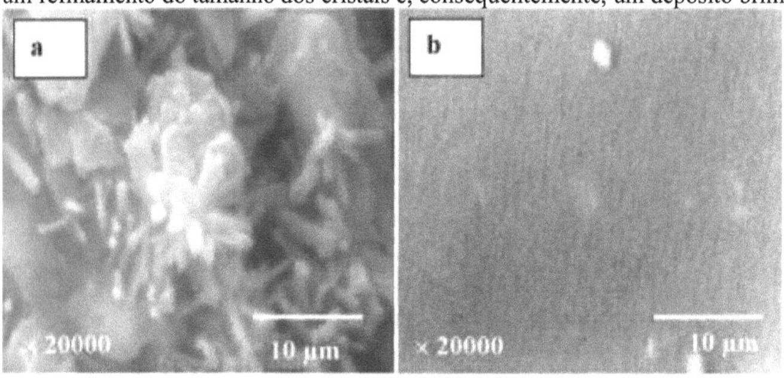

Figura 6.2D Fotomicrografias SEM de (a) depósito de liga Zn-Mn a partir de banho básico (b) depósito de liga Zn-Mn a partir de banho optimizado.

Medições de aderência e porosidade

O ensaio de resistência à corrosão foi efectuado numa câmara de nevoeiro salino. Este estudo mostra a boa resistência do depósito. Os pormenores do ensaio de névoa salina são apresentados na Tabela 6.2C. A porosidade do depósito foi testada com o teste de ferroxil. O teste indicou que o depósito não tem poros. Estas amostras foram submetidas a um ensaio de flexão. Não se observou qualquer fissura ou descolamento no depósito, mesmo após uma flexão de 180^0 da amostra. Este facto indica uma boa aderência e ductilidade do depósito.

Tabela 6.2C Ensaio de projeção salina realizado em diferentes intervalos de tempo.

Depósito	Tempo de tratamento (h)	Observação
Depósito do banho básico	24	NWR
	48	WR
Depósito do banho optimizado	24	NWR
	48	NWR
	72	NWR
	96	NWR
	> 96	WR

* NWR= Sem ferrugem branca, WR= Ferrugem branca

Percentagem do teor de Mn no depósito

A percentagem de manganês no depósito da liga reduziu-se com o aumento da concentração de sulfato de zinco. Este comportamento típico deve-se à deposição preferencial de zinco sobre o manganês (processo de deposição anómala). Além disso, verificou-se que a percentagem de manganês no depósito de liga aumenta com o aumento da concentração de sulfato de manganês. A percentagem de manganês no banho ótimo foi de 11 %.

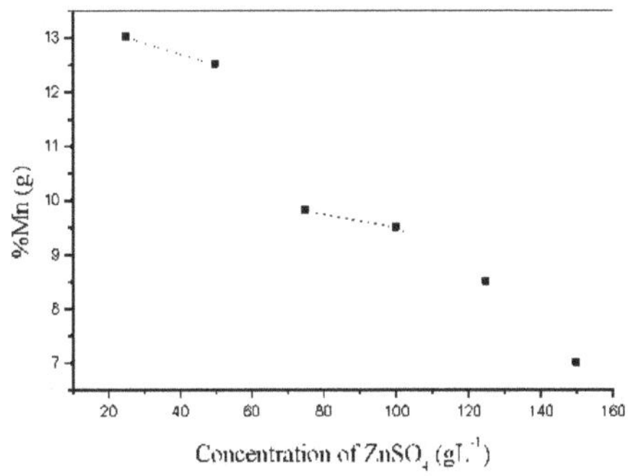

Figura 6.2E Efeito do ZnSO4 na composição da liga Zn-Mn.

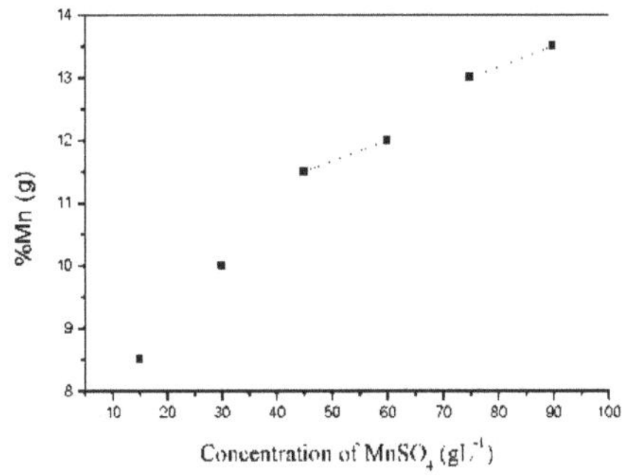

Figura 6.2F Efeito do MnSO4 na composição da liga Zn-Mn.

Tabela 6.2D Composição óptima do banho e condições de funcionamento

Componentes de banho	Quantidade (gL^{-1})	Condições de funcionamento
ZnSO4^7H2O	80	Ânodo: Zinco metálico (99,99%)
Na2SO4^6H2O	60	Cátodo: aço macio
MnSO4-H2O	45	Temperatura: 293-303 K
EDTA	15	Agitação: Ar
CTAB	1	pH: 3
N-Acetilglicina	1.5	Gama de densidade de corrente brilhante: 0,5-5,0Adm^{-2}
Glutaraldeído, mLL^{-1}	2	

6.2.3 Conclusões

> O banho desenvolvido é capaz de produzir um bom depósito numa vasta gama de densidades de corrente de 0,5 a 5,0 Adm^{-2}.

> A potência de lançamento é razoavelmente boa.

> A eficiência atual é de quase 96%.

> O funcionamento e a manutenção do banho são fáceis.

> Não necessita de tratamento, uma vez que o banho contém um único aditivo.

> O facto acima referido favorece a aplicabilidade comercial do banho.

Secção 6.3 Revestimento compósito de nanopartículas de zinco-diamante e respetivo estudo de corrosão

Foram obtidos revestimentos compostos de nanopartículas de zinco e diamante (Zn-DNPS) em aço macio por eletrodeposição. Foi investigada a influência do DNPS na morfologia da superfície e nas propriedades de corrosão do depósito. Os testes de corrosão foram concluídos utilizando o teste de névoa salina e medições electroquímicas para amostras de aço revestidas com Zn e Zn-DNPS. Foram realizados estudos de microscopia eletrónica de varrimento e de difração de raios X para calcular a dimensão das partículas de DNPS e a estrutura cristalina dos depósitos de Zn e Zn-DNPS. O tamanho das partículas de DNPS também foi estudado pela técnica TEM.

Os depósitos de Zn e Zn-DNPS foram obtidos nos substratos de aço a partir de um simples banho de sulfato ácido. A composição da solução de galvanização e os parâmetros de galvanização são apresentados na Tabela 6.3A. O DNPS com um diâmetro médio de 30 nm (s.d.fine chemicals, Mumbai, Índia) foi utilizado na solução de banho para o revestimento composto. Durante o processo de co-deposição, a solução do banho foi continuamente agitada com um agitador mecânico, a fim de manter as partículas de DNPS dispersas e evitar a sua sedimentação na maior parte da solução electrolítica.

Tabela 6.3A Condições de deposição do revestimento compósito Zn- DNPS

Composição do banho	Quantidade (gL^{-1})	Condições de funcionamento
ZnSO4^7H2O	240	Ânodo: Zinco metálico (99,99%)
Na2SO4^6H2O	40	Cátodo: aço macio
H3BO3	40	Temperatura: 303-308 K
CTAB	2	Densidade de corrente: 2,0-4,0 Adm^{-2}
DNPS	1	

6.3.1 Estudos de polarização

A Figura 6.3A mostra o comportamento de polarização catódica de espécimes revestidos com Zn e com compósito Zn-DNPS em solução de NaCl a 3,5 wt.%. Observou-se que o potencial da amostra revestida com o compósito era mais negativo do que o da amostra revestida com Zn em todas as densidades de corrente. Isto indica que a adição de DNPS ao revestimento de Zn aumenta a resistência à corrosão.

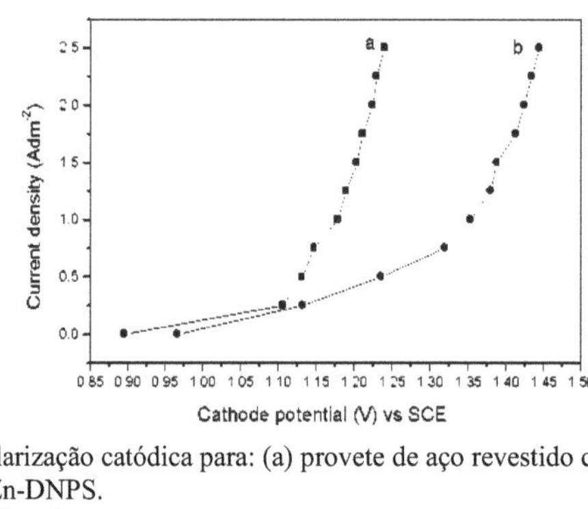

Figura 6.3A Curvas de polarização catódica para: (a) provete de aço revestido com Zn, (b) provete de aço revestido com compósito Zn-DNPS.

Estudos de pulverização de sal

No presente caso, o depósito de Zn produziu ferrugem branca após 44 h e o revestimento composto Zn-DNPS não apresentou ferrugem branca mesmo após 144 h. Isto confirmou o aumento da resistência à corrosão do Zn na presença de DNPS.

6.3.2 Estudos de morfologia da superfície

A figura 6.3B(a), (b) mostra as fotomicrografias SEM dos depósitos de Zn com e sem DNPS em condições óptimas de metalização. O depósito obtido na ausência de DNPS mostra um depósito de grão grosseiro com tamanho de cristal irregular. A fotomicrografia SEM do compósito Zn-DNPS mostra um crescimento cristalino perfeito, uma disposição uniforme dos cristais, um refinamento do tamanho dos cristais e, consequentemente, uma maior resistência à corrosão.

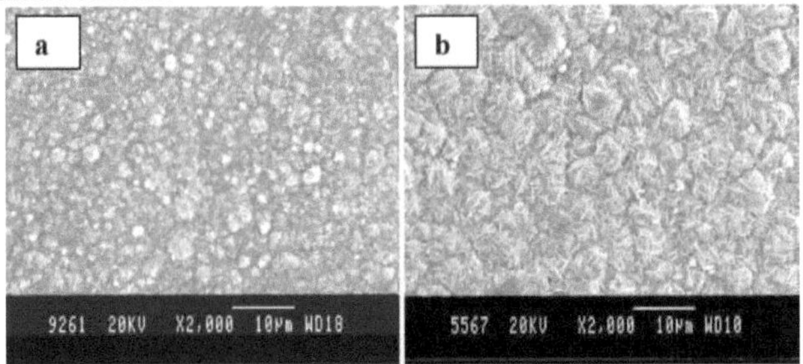

Figura 6.3B Fotomicrografias SEM dos depósitos obtidos a 3,0 Adm^{-2}:(a) Espécimes de aço revestidos com Zn, (b) Espécimes de aço revestidos com compósito Zn-DNPS.

A Figura 6.3C ilustra as imagens SEM dos revestimentos de Zn e do compósito Zn-DNPS após medições de perda de peso em solução de NaCl a 3,5 wt.% durante 15 dias. Foi observado um grande número de pontos de corrosão na imagem SEM da amostra revestida com Zn [Figura 6.3C(a)]. Foi observada muito pouca corrosão na superfície revestida com o compósito Zn-DNPS [Figura 6.3C(b)]. Os estudos SEM indicaram que o compósito Zn-DNPS tem maior resistência à corrosão do que o simples depósito de Zn.

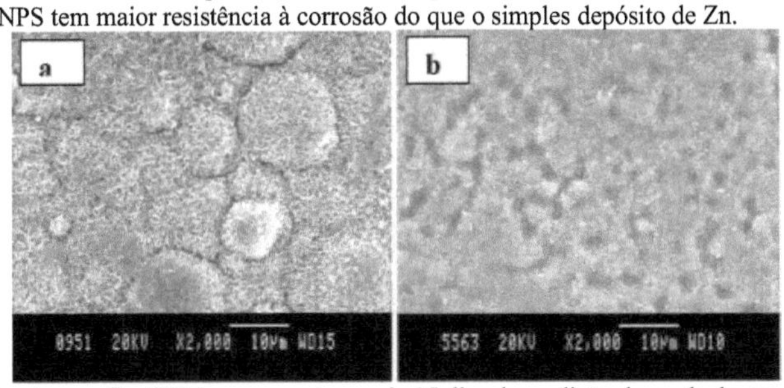

Figura 6.3C Fotomicrografias SEM para amostras após 15 dias de medição da perda de peso: (a) espécime de aço revestido com Zn, (b) espécimes de aço revestido com compósito Zn-DNPS.

Estudos de difração de raios X

A Figura 6.3D mostra o padrão XRD do DNPS. Os valores de espaçamento d da amostra correspondem bem ao ficheiro JCPDS padrão. A dimensão dos cristalitos do DNPS foi calculada a partir da FWHM dos picos principais utilizando a fórmula de Scherrer. O tamanho do grão do DNPS é de aproximadamente 30 nm. A Figura 6.3E e a Figura 6.3F mostram os padrões de XRD do depósito de Zn e dos revestimentos compósitos Zn-DNPS, respetivamente. O padrão de raios X do depósito na presença de DNPS mostrou um alargamento dos picos de difração. Este alargamento pode ser atribuído à diminuição do tamanho do grão do depósito [Tabela 6.3B].

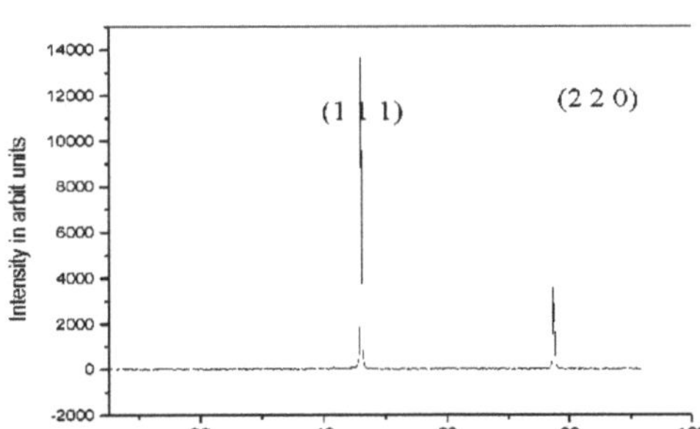

Figura 6.3D Padrão de difração de raios X do DNPS.

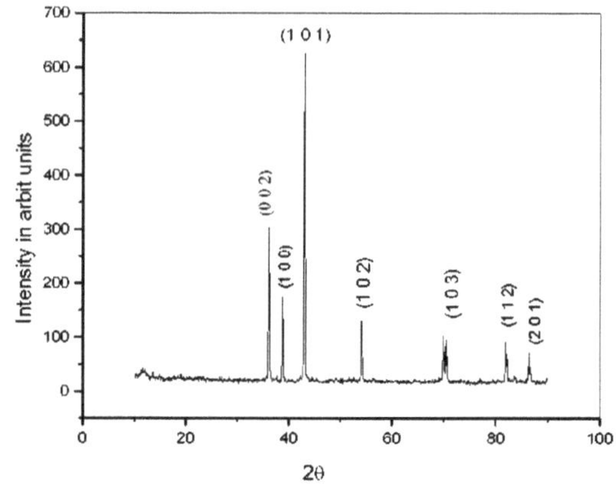

Figura 6.3E Padrão de difração de raios X do revestimento de Zn .

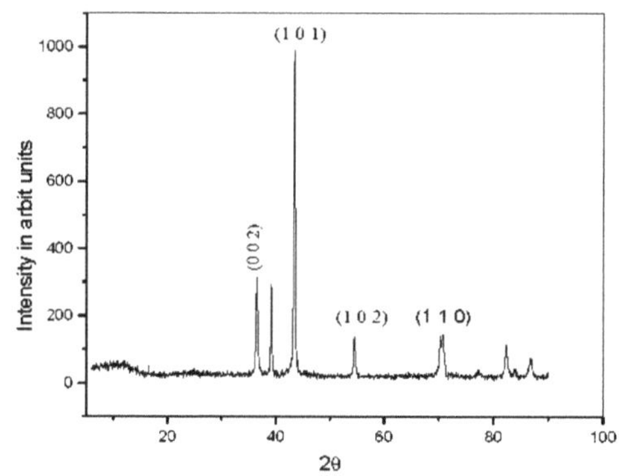

Figura 6.3F Padrão de difração de raios X do revestimento compósito Zn-DNPS.

Tabela 6.3B Parâmetros derivados dos dados de XRD.

Sistema	Tamanho médio dos cristais (nm)	d Observado	Padrão	hkl
Revestimento de Zn	37.50	2.47	2.50	(0 0 2)
	44.80	2.30	2.33	(1 0 0)
	76.97	2.09	2.11	(1 0 1)
	65.50	1.68	1.69	(1 0 2)
	45.50	1.17	1.17	(1 1 2)
Zn-DNPS	23.50	2.47	2.46	(0 0 2)
	28.10	2.09	2.08	(1 0 1)
	10.70	1.68	1.63	(1 0 1)

	7.90	1.33	1.33	(1 1 0)
	8.50	1.17	1.17	(1 1 2)
DNPS	27.34	2.05	1.97	(1 1 1)
	33.09	1.26	1.34	(2 2 0)

Estudos TEM

A figura 6.3G e H mostra a imagem TEM e o padrão SADP do DNPS. Existe uma concordância razoável entre o tamanho médio dos grãos obtido pela técnica XRD e o calculado a partir da imagem TEM.

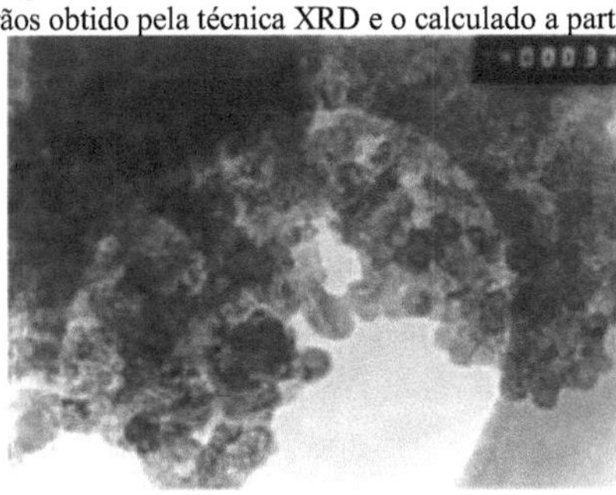

Figura 6.3G Fotomicrografia TEM do DNPS.

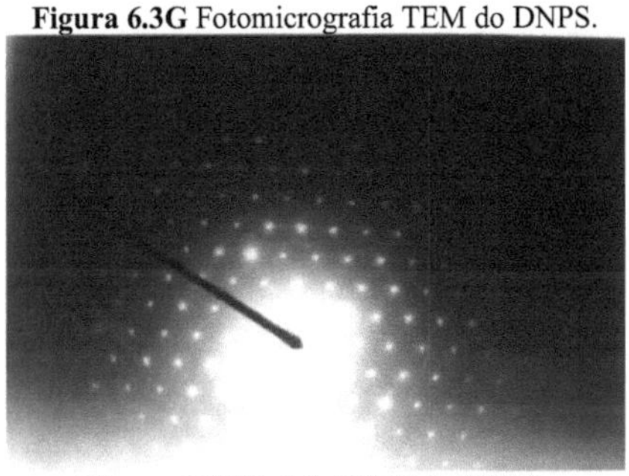

Figura 6.3H Padrão SADP do DNPS.

6.3.3 Conclusões

- O DNPS parecia estar bem disperso no revestimento de Zn e cobria a superfície do revestimento.
- O estudo de corrosão revelou que a incorporação de DNPS no revestimento de Zn aumentou a resistência à corrosão.
- De um modo geral, a inclusão de DNPS no depósito de Zn diminui a taxa de corrosão, reduzindo assim a perda de metal. Este estudo abriu uma nova via para a indústria na área da anti-corrosão.

Referências

Nasser Kanani, *Electroplating: Basic Principles, Process and Practice*, Elsevier Science and Technology, USA, (2004).
F. Ebrahimi, D. Kong, T.E. Mattehews, Q. Zhai, *In: Processing and Fabrication of Advanced Materials,* VII ed., por Srivastan e Khor, TMS Publication: Warrendale, PA, (1998) 509.
F. Ebrahimi, H.Q. Li, *Rev. Adv. Mater. Sci.*, 5 (2003) 134.
E. Raub, K. Muller, *Fundamentals of Metal deposition,* Elsevier, Amesterdão, (1967).
K.I. Popov, S.S. Djokic, B.N. Grgur, *Fundamental Aspects of Electrometallurgy,* Kluwer Academic/Plenum Publishers, Nova Iorque, (2002).
P.M. Vereecken, R.A. Binstead, H. Deligianni, P.C. Andricacos, *IBM Journal of Research and Development,* 49 (2005) 3.
T.P. Moffat, D. Wheeler, D. Josell, *J. Electrochem. Soc.,* 151 (2004) 262.
I.A. Carlos, C.A.C. Souza, E.M.J.A. Pallone, R.H.P. Francisco, V. Cardoso, B.S. Lima-Neto, *J. Appl. Electrochem.,* 30 (2000) 987.
H. Natter, M. Schmelzer, S. Janssen, R. Hempelmann, *Physical Chemistry and Chemical Physics,* 101 (1997) 1706.
H. Natter, R. Hempelmann, *Journal of Physical Chemistry,* 100 (1996) 19525.
Dierstein, H. Natter, F. Meyer, H.O. Stephan, C. Kropf, Hempelmann, *Scripta Materialia,* 44 (2001) 2209.
W.Z. Nerst, *Physik. Chem.,* 4 (1889) 129.
A.M. Damjanovic, T.H.V. Setty e J.O'M. Bokris, *J. Electrochem. Soc.,* 113 (1966) 429.
J.O'M. Bokris, Razumney, *Fundamental Aspects of Electrocrystallization,* Plenum press, New York, (1967).
B.E. Conway, J.O'M. Bokris, *Electrochem. Ata,* 3 (1961) 340.
H. Fischer, *Plating,* 56 (1969) 1229.
E.H. Lyons, *J. Electrochem. Soc.,* 101 (1954) 376.
K.V. Uma, B.S. Sheshadri, S.M. Mayanna, *J. Electrochem. Soc. India,* 26 (1977) 7.
A.M. Damjanovic, Plating, 52 (1965) 10.
A.M. Damjanovic, M. Paunovic, J.O'M. Bokris, *J. Electroanal. Chem.,* 9 (1965) 94.
S.M. Mayanna, T.H.V. Setty, *Current Sci.,* 42 (1973) 500.
E. Gileadi, Ed., *Electrosorption,* Plenum press, Nova Iorque, 1967.
H.B. Muralidhara, Y. Arthoba Naik, T.V. Venkatesha, *Bull. Mater. Sci.,* 29 (2006) 497.
Y. Arthoba Naik, T.V. Venkatesha, P. Vasudeva Nayak, *Indian J. Chem. Technol.,* 8 (2001) 390.
J.W. Dini, *Electrodeposition, The Materials Science of Coatings and Substrates,* Noyes Publications, Park Ridge, NJ, EUA, (1993).
B.S. Sheshadri, S.M. Mayanna, *Electrodeposit. Surf. Treat.,* 3 (1975) 189.
H.B. Rudresh, S.M. Mayanna, *J. Electrochem. Soc.,* 124 (1977) 340.
V.N. Frumkin, B.B. Damaskin, *Modern Aspects of Electrochemistry,* Butterworth's, Washington, D.C. Vol. III (1964) 149.
R.K. Dinnappa, S.M. Mayanna, *J. Appl. Electrochem,* 11 (1981) 111.
J.A. Henricks, *Trans. Electrochem. Soc.,* 82 (1942) 113.
T.P. Hoar, *Trans. Inst. Metal Finish,* 29 (1953) 302.
H. Fischer, *Elektrolytische Abscheidung and Elektrokristallisation von Metallen,* Springer-Verlag, Berlim, (1954).
E. Raub, K. Muller, *Fundamentals ofMetal Deposition,* Elsevier, Nova Iorque, (1967).
H. Brown, *Plating,* 55 (1968) 1047.
A.H. Du Rose, *Trans. Inst. Met. Finish.,* 38 (1961) 27.
W.R. Doty, B.J. Riley, *J. Electrochem. Soc.,* 114 (1967) 50.
N. Promisel, D. Wood, *Trans. Electrochem. Soc.,* 80 (1941) 459.
K. Graham, H.J. Read, *Met. Ind.,* Nova Iorque, (1937) 35, 517, 559.
W. Beck, A.L. Glass, E. Taylor, *J. Electrochem. Soc.,* 112 (1965) 53.
C.A. Snavely, *Proc. Am. Electroplat. Soc.,* 47 (1961) 138.
H.J. Read, *Hydrogen Embrittlement in Metal Finishing,* Reinhold, Nova Iorque, (1961).
Kim, B. Wilde, *J. Electrochem. Soc.,* 118 (1971) 202.
H. Townsend, *Corrosion,* 26(9) (1970) 361.

R. Hudson, C. Warning, *Corros. Sci.*, 10 (1970) 121.
Laitinen, I.M. Kolthoff, *J. Am. Chem. Soc.*, 61 (1939) 3344.
J. Kronsbein, *Plating*, 40 (1953) 898.
J. Kronsbein, *Plating*, 37 (1950) 851.
L.C. Pan, *Met. Ind.*, Nova Iorque, 28 (1930) 271.
H. Indira, K. Vasanth, K.S.G. Doss, *Metal Finish*, 67 (1969) 71.
W. Canning, *Canning Handbook on Electroplating*, 28th Ed., W. Canning and Company Ltd., Birmingham, (1970).
A.K. Graham, *"Electroplating Engineering handbook"*, 3rd Ed,. Van Nostrand Reinhold Princcton, NJ, (1977).
Larence J. Durney (Ed.), *Graham's Electroplating Engineering Handbook*, 4th Ed., CBS Publishers and Distributors, New Delhi, India, (2000).
E.H. Lyons, jr., *Fundamental Principles in Modern Electroplating,* 3rd Ed., F.A. Lowenheim (Ed.), John Wiley and sons, NY, (1974).
N.V. Parthasaradhy, *Practical Electroplating Handbook,* I Ed., Prentice Hall (1989).
A. Brenner, *Electrodeposition of alloys,* Academic press, New York, Vol.2 (1963) 194.
Delahay e Tobias, *Advances in Electrochemistry and Electrochemical Engineering,* Inter science Publishers, New York, (1963).
Yvas, Marhot, *patente francesa,* 1.481.262, (1967).
Metal Finishing Guidebook, Diretório, 13ª edição, Metal and Plastics Publications Inc., NJ, (1983) 353.
G. Isserlis (Ed.), *Quality control in Metal Finishing,* Columbine, Londres, (1967).
Norbert Sadjdere, *Metal Finish,* 83 (1985) 35.
H.H. Uhlig (Ed.), *Corrosion Handbook*, John Wiley and Sons, Nova Iorque, (1948).
F.A. Champion, *"Corrosion Testing Procedures,"* 2nd Ed., Wiley, NY, (1956).
A. Zehnder, *Plat. Surf. Finish.*, junho (1984) 75.
A. Classen, *US Patent,* 809 (1906) 492.
W.E. Hughes, *Modern Electroplating,* Oxford University press, Nova Iorque, (1923) 71, 73.
R.R. Bair, *Plating,* 57 (1970) 350.
A.H. Durose, *Plating,* 57 (1970) 794.
Zinc Development Association, *Zinc coatings,* Londres, 1967.
A.F. Wells, *"Structural Inorganic Chemistry,"* 3rd Ed., Oxford University press, 1962.
H. Geduld, *Metal Finish,* 73 (1975) 29.
H. Geduld, *Metal Finish,* 74 (1976) 41.
B. Johnson, *Electroplat. Metal Finish,* junho (1974) 10.
R. Ostrow, R.B. Kessler, *Plating*, 57 (1970) 354.
R.O. Hull, C.J. Wernlund, *Trans. Electrochem. Soc.,* 80 (1941) 407.
F. Hasko, J. Kunkel, *Metalloberflache,* 24 (1970) 235.
H. Geduld, *Metal Finish,* 67 (1969) 52.
H. Geduld, *Metal Finish,* 71 (1973) 45.
J. Haydu, J. Zehnder, *Plating*, 58 (1971) 458.
Metals Hand Book 2, *American Society for Metals,* Durk, Olio, (1964) 418.
H. Geduld, *Metal Finish,* 74 (1976) 77.
E.H. Lyons, *Trans. Electrochem. Soc.,* 80 (1941) 387.
E.H. Lyons, *Trans. Electrochem. Soc.,* 78 (1940) 317.
E.A. Blount, *Electroplat. metal Finish.,* 23 (1970) 27.
H. Geduld, *Metal Finish,* 72 (1974) 36.
Wang Ruixiang, Chen Youyun, Wang Zhijun, Yang Jiangcheng, Faming Zhuanli Shenqing Gongkai Shuomingshu, CN1143121, 19 de fevereiro (1997) 7.
Zeng Lingxi, *Cailiao Baohu,* 29 (1996) 28.
B.C. Kim, P.R. Webb, J.A. Gurklis, R.K.Smith, Relatório, EPA/600/R-94/074, PB94-165321, 73.
N.G. Greutz, S. Martin, *Plat. Surf. Finish.,* 73 (1975) 681.
H.B. Muralidhara, Y. Arthoba Naik, T.V. Venkatesha, *Bull. Mater. Sci.,* 29 (2006) 497.
S. Shivakumara, H.P. Sachin, Ganesha Achary, Y. Arthoba Naik, T.V. Venkatesha, *Bull. Electrochem,* 22 (2006) 371.
Y.Arthoba Naik, T.V. Venkatesha, P. Vasudeva Nayak, *Indian J. Chem. Technol.,* 8

(2001) 390.
Y.Arthoba Naik, T.V.Venkatesha, P. Vasudeva Nayak, *Trans. SAEST.*, 37 (2002) 39.
Ganesha Achary, H.P.Sachin, Y. Arthoba Naik, T.V. Venkatesha, *Bull. Mater. Sci.*, 30 (2007) 219.
Y.Arthoba Naik, T.V. Venkatesha, *J.T.R. Chem.*, 12 (2005) 15.
Y.Arthoba Naik, T.V. Venkatesha, P. Vasudeva Nayak, *Bull. Electrochem,* 16 (2000) 481.
A. Senthil Kumar, Senthil Raja Pandian, J. Ayyapparaju, G.N.K. Ramesh Bapu, *Bull. Electrochem,* 17 (2001) 379.
T.V. Venkatesha, J. Balachandra, R.P. Dambal, S.M. Mayanna, *Metal Finish.*, 83 (1985) 33.
T.V. Venkatesha, J. Balachandra, S.M. Mayanna, *Metal Finish*, 84 (1986) 29.
T.V. Venkatesha, J. Balachandra, R.P. Dambal, S.M. Mayanna, *Plat. Surf. Finish.*, 74(6) (1987) 77.
S.M. Mayanna, T.V. Venkatesha, J. Balachandra, R.P. Dambal, *Metal Finish.*, 85 (1987) 15.
S.M. Mayanna, T.V. Venkatesha, J. Balachandra, R.P. Dambal, *Proceedings Interfinish*, Paris, França, 88 (1988).
T.V. Venkatesha, J. Balachandra, R.P. Dambal, S.M. Mayanna, *Plat. Surf. Finish.*, 75 (1988) 53.
K. Robert, L. Zsolt, M. Armond, B. Rudolf, S. Jacobson, R. Sarmitis, L. Grincaviciene, G. Samas, H.U. Hung. Teljes, 55060 A2 29 (1991) 9.
B. Margarete, B. Annelie, H. Timo, B. Martina, M. Simane, R. Katrin, Ger. (East) DD236760 A1 1B Jun. (1986) 3.
W. Ruixiang, C. Youyun, W. Zhijum, Y. Jiangcheng, FZS. Gongkai, Shuomingshu, CN 1143121, 19 (1997) 7.
H.B. Muralidhara, Y. Arthoba Naik, H.P. Sachin, Ganesha Achary, T.V. Venkatesha, *Indian J. Chem. Technol.*, 15 (2008) 371.
Y. Arthoba Naik, T.V. Venkatesha, *Bull. Mater. Sci.*, 5 (2005) 495.
Y. Arthoba Naik, T.V. Venkatesha, *Indian J. Eng. Mater. Sci.,* 10 (2003) 318.
M. Monev, I. Mirkova, I. Krastev, Hr. Tsvetkova, St. Rashkov, *J. Appl. Electrochem,* 28 (1998) 1107.
M.S. Pereira, L.L. Barbosa, C.A.C. Souza, A.C.M. De Moraes, I.A. Carlos, *J. Appl. Electrochem.,* 36 (2006) 727.
Shanmugasigamani, Malathy Pushpavanam, *J. Appl. Electrochem,* 36 (2006) 315.
G.N.K. Bapu, Rames, G. Devaraj, J. Ayyapparaj, *J. Solid State Electrochem,* 3(1) (1998) 48.
Tang Chun-hua, Diandu Yu Tushi, 12(4) (1993) 33-39.
W. Jerzy, T. Piotr, L. Danuta, B. Edward, R.D. Pranczįskus, C. Alfonsas, R. Wioleta, R.M. Ona, G. Rasa, Pol. PL 163805 B1 maio (1994) 5.
S. Isamu, S. Hideo, Jpn. K.T. Koho, Jp 08209393 A2 13 Ago. (1996) 9.
M. Antoaneta, A. Gheorghe, P. Ulm, H. Lucian, Rom. RD 103246 B1 2 Dez. (1991) 3.
K. Michal, S. Tomasz, J. Ryszard, S. Kazimierz, R. Roman, F. Wlodzimierz, Pol. PL 161776 B1 30 (1993) 5.
H.B. Muralidhara, Y. Arthoba Naik, *Surf. Coat. Technol.,* 202 (2008) 3403.
Y. Arthoba Naik, T.V. Venkatesha, P. Vasudeva Nayak, *Turk. J. Chem,* 26 (2002) 725.
S.J. Kim, H.T. Kim, S.M. Park, *J. Electrochem. Soc.,* 151 (2004) C850.
P.D. Arista, Y. Meas, R. Ortega, *J. Appl. Electrochem,* 35 (2005) 217.
H. Stephen, Schneider, *Plat. Surf. Finish.,* 64 (1977) 52.
G. Bernotene, O. Motckute, *Gal'vanotekh.,* 3(3) (1994) 5.
Zeng Lingxi, Cailiao Baohu, 29(11) (1996) 28.
Farid Hanna, Hiroomi Noguchi, *Metal Finish,* 86 (1988) 33.
Jeannier Eliane, *Oberflaechen Werkst.,* 19 (1993) 14.
L. Deres, R. Visonirsks, *Material Seminar,* (1970) 23.
Atsushi, *Pat. do Japão,* 7470,832, julho (1974).
Harrover, *Pat. alemã,* 1,271,491 Jan (1968).
W.E. Rosenberg, *Pat. dos EUA,* 393.135 (1968).
Dores, Ret. ZI. Khim., 6 (1970) 162.
I.I. Kuptsov, V.A. Razuraeva, Pat. USSR, 252,805, Set. (1969).
R.D. Taylor, *Electroplating,* 5 (1952) 293.
Tatsuo Kataoka, *Patente do Japão,* 8910 (55), 7 de dezembro (1957).

M.J. Reidt, *Galvanotech,* 3(4) (1959) 60.
Yvas Marhot, *Pat. francesa,* 1.481.262, maio (1967).
Hoyer, *Patente alemã,* 2,247,875 abril (1973).
Hayashida, *Pat. do Japão,* 7,216,521, maio (1972).
Dores, Akad Nauk, Cil, *Inst. SSR,* 13 (1974) 207.
Zuo Zhengzhong, Hou Runxiang, Li Weidong, Tao Tengfeng, Wang Hanyu, Li Zailiang, Sun Yanjun, *Cailiao Baohu,* 30(5) (1997) 1.
Li Xiancheng, *Diandu Yu Tushi*, 11(3) (1992) 67.
Wang Ruixiang, *Cailiao Baohu,* 25(11) (1992) 33.
Zuo Zhengzhong, Chen Yongyan, Diandu Yu Tushi, 11(1) (1992) 26.
Brenner A., *Electrodeposition of Alloys, Principles and Practice,* Nova Iorque, Academic Press, Vol.1 (1963).
Ilyushenko L.F. Elektroliticheski Osazhdenie Magnitnie Plenki, Minsk, *Naukai Tekhnika,* (1979).
H. Dahms, I.M. Croll, *J. Electrochem. Soc.,* 112 (1965) 771.
J. Horanks, *J. Electrochem. Soc.,* 128 (1981) 45.
M. Matlosz, *J. Electrochem. Soc.,* 140 (1993) 2272.
J. Vaes, J. Franser, J.P.Celis, *J. Electrochem. Soc.,* 147 (2000) 3718.
S.S. Djokic, M.D. Maksimovic, *"Electrodeposition of Nickel-Iron Alloys" In Modern Aspects of Electrochemistry,* Vol. 22, pp. 417-466, J.O'M. Bockris, B.E. Conway, R.E. White, eds., Nova Iorque: Plenum Press (1992).
S.S. Djokic, *J. Electrochem. Soc.,* 146 (1999) 1824.
A.S.M.A. Haseeb, J.P. Celis, J.R. Ross, *J. Electrochem. Soc.,* 141 (1994) 230.
A. Rousseau, P. Benabeu, *Plat. Surf. Finish.,* 39 (1999) 1075.
J.J. Kelly, P.E. Bradley, D. Landolt, *J. Electrochem. Soc.,* 147 (2000) 2975.
R. Ying, *J. Electrochem. Soc.,* 135 (1988) 2957.
E.P. Schoch, A. Hirsch, *Trans. Am. Electrochem. Soc.,* 11 (1907) 135.
F. Jepson, S. Meecham, F.W. Salt, *Trans. Inst. Metal Finishing,* 32 (1955) 160.
M.L. Holt, R.E Black, *Trans. Electrochem. Soc.,* 82 (1942) 205.
D.W. Ernst, R.F. Amle, M.L. Holt, *J. Electrochem. Soc.,* 102 (1955) 461.
M.D. Kramer, *Trans. Electrochem. Soc.,* 90 (1946) 55.
C.G. Fink, C.B.F. Young, *Trans. Electrochem. Soc.,* 67 (1935) 311.
L.E. Stout, Wash. *Univ. Studies. N.S. Sci Technol.,* 6 (1932) 33.
D.E. Hall, *Plat. Surf. Finish.,* 70 (1983) 59.
F.W. Salt, *Electroplating and Metal Finishing,* 9 (1956) 3.
A. Brenner, *Tese de Doutoramento,* Universidade de Maryland, (1939).
J.W. Cuthbertson, *J. Electrodepositors. Tech. Soc.,* 25 (1950) 81.
H.P. Coats, *Rev. mensal da Am Electrodepositors Soc.,* 24 (1937) 5.
R. Kremann, *Monatsh.,* 34 (1913) 1757.
T.P. Hoar e I.A. Bucklow, *Trans. Inst. Metal Finishing,* 32 (1955) 186.
H.P. Coats, *Trans. Electrochem. Soc.,* 80 (1941) 445.
A. Brenner, P. Burkhead e E. Seegmiler, *J. Research Natl. Bur. Standards.,* 39 (1947) 351.
E. Raub e A. Engel, J. *Electrochem,* 49 (1943) 89.
V. Zentner, *Proc. Am. Electroplaters Soc.,* (1960) 166.
W.H. Colner, *Natl. Bur. Standards.,* 529 (1953) 43.
I.W. Wolf, *J. Electrochem. Soc.,* 108 (1961) 959.
L. Reimer, J. *Physik,* 150 (1958) 99.
I. Tsu, *Plating,* 47 (1960) 632.
F.A. Lowenheim, R.T. Gore, *Trans. Inst. Metal Finishing,* 31 (1954) 386.
C.S. Barrett, *Structure of Metals,* Mcgraw-Hill, Nova Iorque, (1943).
H. Nakamura, *Phys. Chem. Research,* 2 (1925) 287.
K. Aotani, *J. Japan, Inst. Metals,* B15 (1951) 52.
E. Raub, *Metalloberflache,* 2 (1953) 17.
E. Raub, B. Wulliorst, *Metalloberflache,* 2 (1947) 33.
C.W. Still well, *Metal ind.,* 31 (1933) 47.
T. Benerjee, *Proc. 3rd International Conference on Electrodeposition,* (1947) 195.
M. Hansen, *Constitution of Binary Alloys,* Mcgrawhill, New York, (1958).

S. Glasstone, *J. Chem. Soc.,* 641 (1927).
K. Konda, S. Hintani, Y. Ohmari, *J. Appl. Electrochem,* 18 (1988) 154.
V. Narasimhamurthy, B.S. Sheshadri, *Plat. Surf. Finish.*, 83 (1996) 75.
Klos, Klaus Peter, Lindemann, Karl Heinz, *Pat. alemã,* 3619385 Dez (1987).
Zhou, Yicum, Yang, Quiancai, Long, Zhilin, *China pat.,* 1362541 Aug (2002).
Kanamaru, Tatswya, Nakayama, Motohiro, Naka, Ryoichi, *Japan Pat.,* 61250190 Nov (1986) 8.
Jpn. Kokai. Tokkyo koho, *Japan Pat.,* 60096787 maio (1985) 3.
Lee, H.A. Jae, Yoon, Jeongmo, *Konghak Yongu.*, 13 (1983) 261.
Tsuda, Tetsuaki, Asano kazoo, Shibuya, Atsuyoshi, *Transactions of the Iron and Steel Institute of Japan*, 26 (1986) 53.
Nakano, Hiroki, Akiyama, Tetsuya, Fukushima, Hissaki, *Hyome Gijustu,* 49 (1998) 1209.
E. Gomez, X. Alcobe, E. Valles, J. Electro Anal. Chem., 475 (1999) 66.
Z. Zhang, W.H. Leng, H.B. Shao, J.O. Zhang, J.M. Wang, *J. Electro Anal. Chem.,* 516 (2001) 127.
J.D. Jensen, G.W. Critchlow, D.R. Gabe, *Trans. Inst. Met. Finish.,* 76 (1998) 187.
Y.Liao,D.R. Gabe, G.D. Wilcox, *Plat. Surf.Finish.* 85(3) (1998) 60.
Y.Liao,D.R. Gabe, G.D. Wilcox, *Plat. Surf.Finish.,* 85(9) (1998) 88.
Y.Liao,D.R. Gabe, G.D. Wilcox, *Plat. Surf.Finish.*, 85(8) (1998) 62.
Nakano, Hiroaki, Akiyama, Testya, Fukushima, Hissaki, *Hyomen Gijustu,* 49(11) (1998) 1209.
K. Radziuniene, J. Matulis, *Chemija. Technika. Fizine Geografija,* 1 (1974) 33.
Grunwald, Erno, Varhlyi, Casaba, Atyim, Pal, *Korrozios Figyelo,* 43(2) (2003) 44.
Yin, Ren-he, Fang, Zhang-hua, Cao, Wei-Min, Zakaria, *A; Dianhuaxue,* 7(1) (2001) 85.
Shu, Yude, Zhou, Jinfang, Zhang, Zhao, Diandu Yu Tushi, 17(1) (1998) 22.
Klos, Klaus peter, Lindemann, Karl, Heinz, Donsbach, Hermann, Pat. alemã, 361984 Dez (1987) 2.
Kyono, Itsusho, Honjo, Toru, Yanato, Koji, patente do Japão. 62109994 maio (1987) 8.
N.D. Jayakumar, G. Devaraj, G.N.K. Ramesh Bapu, Jayapparaju, *Bull. Electrochem,* 4 (1988) 711.
E.Y. Ge, S.K. Xu, S.B. Yao, S.M. Zhou, *Surf. Coat. Technol.,* 88 (1996) 1.
Zeng, Xiangde, *Diandu Yu Tushi,* 11 (1992) 24.
V. Narasimhamurthy, B.S. Sheshadri, *J. Appl. Electrochem,* 26 (1996) 90.
Zhu Li Qun, *Met. Finishing,* 96 (1998) 54.
M.A. Peeh-Canul, R. Ramanauskas, L. Malonado, *Electrochim. Ata,* 42 (1997) 255.
N.R. Short, S. Zhou, J.K. Dennis, *Surf. Coat. Technol.,* 79 (1996) 218.
P.Y. Chen, I.W. Sun, *Electrochim. Ata,* 46 (2001) 1169.
E. Grunwald, A. Ziman, Varhelyi, Juhos, *Galvanotechnik,* 85 (1994) 327.
A. Stakeviciute, K. Leinartas, G. Bikulcius, D. Virbalyte, A. Sudavicius, E. Juzeliunas, *J. Appl. Electrochem,* 28 (1998) 89.
I. Kirilova, I. Ivanov e St. Rashkov, *J. Appl. Electrochem,* 27 (1997) 1380.
Y. Okuda e K. Himatsu, *Jpn. Kokai Tokkyo Koho,* Jp. 05. 179, 481(95. 179, 481), (Cl. C25D3/56), 20 de julho de 1993, Appl. 91/360, 157 (27 de dezembro de 1991).
R. Fratesi, G. Roventi, G. Giuliani, C.R. Tomachuk, *J. Appl. Electrochem.,* 27 (1997) 1088.
S.S. Abd El-Rehim, M.A.M. Ibrahim, S.M. Abd El-Wahab, M. Dankeria, *Trans. Inst. Finish.,* 77(1) (1999) 31.
Z. Tu, J. Zhang, W. Li, Z Yang e M. An, *Trans. Inst. Met. Finish.,* 73(2) (1995) 48.
H. Yan, J. Downes, P.J. Boden, S.J. Harris, *J. Electrochem. Soc.,* 143 (1996) 1577.
D.E. Lay, W.E. Eckas, *Plat. Surf. Finish.,* 78 (1991) 74.
R. Fratesi, G. Roventi, G. Giuliani, C.R. Tomachuk, *J. Appl. Electrochem,* 27 (1997) 1094.
M.I. Nicol, H.I. Philip, *J. Electroanal. Chem.,* 70 (1976) 235.
K. Arun Prasad, P. Giridhar, Vishalakshi Ravindran, V.S. Muralidharan, *J. Solidstate. Electrochem,* 6 (2001) 63.
H.M. Wang, T. JO'Keefe, *J. Appl. Electrochem,* 24 (1994) 900.
I. kirilova, I. Ivanov, *J. Appl. Electrochem,* 29 (1999) 1133.
FEI Jingyin, LIANG Guozheng, XIN Wenli, *Journal of Wuhan University of Technology-Mater.*
Sci., (2007).

G. Roventi, T. Bellezze, R. Fratesi, *Electrochim. Ata,* 51 (2006) 2691.
Pedro de Lima Neto, Adriana N. Coreia, Regilany P. Colares, Walney S. Araujo, *J. Braz. Chem. Soc.,* 18 (2007) 1164.
Z.F. Lodhi, J.M.C. Mol, W.J. Hamer, H.A. Terryn, J.H.W. De wit, *Electrochim. Ata,* 52 (2007) 5444.
Po-Yu Chen, I-Wen Sun, *Electrochim. Ata,* 46 (2001) 1169.
M. Sagiyama, T. Urakawa, T. Adaniya, T. Hara, *S.A.E. Technical paper* no.860268 (1986) 107.
M. Sagiyama, T. Urakawa, T. Adaniya, T. Hara, Y. Fukuda, *Plat. Surf.Finish.,* 11 (1987) 77.
G. Govindarajan, V. Ramakrishnan, S. Ramamurthi, V. Subramanian, N.V. Parthasaradhy, *Bull. Ellectrochem,* 5 (1989) 422.
M. Eyraud, A. Garnier, F. Mazeron, J. Crousier, *Plat. Surf. Finish.,* 1 (1995) 63.
B. Bozzini, F. Pavan, G. Bollini, P.L. Cavallotti, *J. Appl. Electrochem,* 75 (1997) 175.
B. Bozzini, E. Griskonis, A. Fanigluilo, A. Sulcius, *J. Appl. Electrochem,* 154 (2002) 294.
D.R. Gabe, G.D. Wilcox, A. Jamani, B.R. Pearson, *Met. Finish.,* 91 (1993) 34.
G.D. Wilcox, B. Peterson, *Trans. Inst. Met. Finish.,* 74 (1996) 115.
M. Eyraud, A. Garnier, F. Mazeron e J. Crousier, *Plat. Surf. Finish.,* 82 (1995) 63.
B. Bozzini, G. Bollini, P.L. Cavalloti e F. Pavan. *"Electrodeposition of Zn-Mn alloys on steel" (texto em italiano).* Proc. 25, Convegno Nazionale AIM (Congresso Nacional da Sociedade Italiana de Metalurgia), Milão, 2 (1994) 122.
F. Sotto, *tese de doutoramento*, Universite' de Provence Aix Marseille, 1 (1998).
T. Andreu, *Tese de Doutoramento*, Universitat de Barcelona, Departament De Quimica Fisica, (2004).
M. Sagiyama, T. Urakawa, T. Adaniya, T. Hara, *SAE (1986) Technical paper* 860268, 107.
B. Bozzini, E. Griskonis, A. Sulcius, P.L. Cavallotti, *Plat. Surf. Finish.,* 88 (2001) 64.
B. Bozzini, E. Griskonis, A. Fanigliulo, A. Sulcius, *Surf. Coat. Technol.,* 154 (2002) 294.
D. Sylla, J. Creus, C. Savall, O. Roggy, M. Gadouleau, Ph. Refait, *Thin Solid Films,* 424/2 (2003) 171.
C. Muller, M. Sarret, T. Andreu, *J. Electrochem. Soc.,* 149 (2002) C600.
M.V. Ananth, N.V. Parthasaradhy, *Mater. Sci. Eng.,* B 40 (1996) 19.
F.I. Danilov, V.V. Gerasinov, D.A. Sukhomlim, *Russ. J. Electrochem,* 37 (2001) 308.
D.R. Gabe, *Electrochim. Ata,* 39 (1994) 1115.
N. Boshkov, S. Vitkova, K. Petrov, *Met. Finish,* 99 (2001) 56.
N. Boshkov, K. Petrov, S. Vitkova, *Met. Finish,* 100 (2002) 98.
N. Boshkov, *Surf. Coat. Technol.,* 172 (2003) 217.
C.Muller, M. Sarret, T. Andreu, *J. Electrochem. Soc.,* 149 (2002) C600.
C. Muller, M. Sarret, T. Andreu, *Electrochim. Ata,* 48 (2003) 2397.
N. Boshkov, *Surf. Coat. Technol.,* 172 (2003) 217.
S. Shivakumara, Y. Arthoba Naik, Ganesha Achary, H.P. Sachin, T.V. Venkatesha, *Indian J. Chem. Technol.,* 15 (2008) 29.
D. Sylla, J. Creus, C. Savall, O. Roggy, M. Gadouleau, Ph. Refait, *Materiaux,* 2002.
Po-Yu Chen, Charles L. Hussey, *Electrochim. Ata,* 52 (1857) 1857.
C. Savall, C. Rebere, D. Sylla, M. Gadouleau, Ph. Refait, J. Creus, *Mat. Sci. Eng. A.,* 430 (2006) 165.
H. Ferkel, B. Muller, W. Riehemanm, *Mater. Sci. Eng. A.,* 234 (1997) 236.
L. Benea, P.L. Bonora, A. Borello, S. Martelli, J. Electrochem. Soc., 148 (2001) C461.
G. Maurin, A. Lavant, *J. Appl. Electrochem,* 25 (1995) 1113.
S.K. Kim, H.J. Yoo, *Surf. Coat. Technol.,* 108 (1998) 564.
A. Grosjean, M. Rezrari, J. Tokadoum, P. Bercot, *Surf. Coat. Technol.,* 137 (2001) 92.
I. Garcia, J. Fransaer, J.P. Celis, *Surf. Coat. Technol.,* 148 (2001) 171.
M. musiani, *Electrochim. Ata,* 45 (2000) 3397.
J.R. Roos, J.P.Celis, J. Fransaer, C. Buelens, *J. Met.,* 42 (11) (1990) 60.
J.P. Celis, J.R. Roos, C. Buelens, J. Fransaer, *Trans. Inst. Met. Finish.,* 69 (4) (1991) 133.
C. Buelens, J. Fransaer, J.P. Celis, J.R. Roos, *Bull. Eletrochem,* 8 (8) (1992) 371.
J. Fransaer, J.P. Celis, J.R. Roos, *Met. Finish, 91 (6)* (1993) 97.
J. Fransaer, J.P. Celis, J.R. Ross, *J. Electrochem. Soc.,* 139 (2) (1992) 413.
J. Steinbach, H. Ferkel, *Scr. Mater.,* 44 (2001) 1813.
N.S. Qu, K.C. Chan, D. Zhu, *Scr. Mater.,* 50 (2004) 1131.

S. Kuo, Y. Chen, M. Ger, W. Hwu, *Mater. Chem. Phys.*, 86 (2004) 5.
S.W. Bonovic, K. Barmak, A.R. Marder, *J. Mater. Sci.*, 34 (13) (1999) 3203.
A.B. Vidrine, E.J. Podlaha, *J. Appl. Electrochem*, 31 (4) (2001) 461.
H. Wang, S. Yao, S. Matsumara, *J. Mater. Process. Technol.*, 145 (2004) 299.
P. Bercot, E. Pena-Munoz, J. Pagetti, *Surf. Coat. Technol.*, 157 (2002) 282.
A. Lozano-Morales, E.J. Podlaha, *J. Appl. Electrochem. Soc.*, 151 (7) (2004) C478.
S. Wang, W.J. Wei, *Mater. Chem. Phys.*, 78 (2003) 574.
I. Shao, P.M. Vereecken, C.L. Chien, P.C. Searson, R.C. Cammarata, *J. Mater. Res.*, 17(6) (2002) 1412.
I. Shao, P.M. Vereecken, R.C. Cammarata, P.C. Searson, *J. Electrochem. Soc.*, 149(11) (2002) C160.
C.F. Malfatti, J. Zoppas-Ferreira, C.B. Santos, B.V. Souza, E.P. Fallavena, S. Villiant, J.P. Bonino, *Corros. Sci.*, 47(3) (2005) 567.
S. Kuo, Y. Chen, M. Ger, W. Hwu, *Mater. Chem. Phys.*, 86 (2004) 5.
G. Gyftou, M. Stoumbouli, E.A. Pavlatou, N. Spyrellis, *Trans. Inst. Met. Finish.*, 80 (3) (2002) 88.
A.F. Zimmerman, D.G. Clark, K.T. Aust, U. Erb, *Mater. Lett.*, 52 (2002) 85.
Y. Zhang, X. Peng, F. Wang, *Mater. Lett.*, 58 (2004) 1134.
Gugleilmi, *J. Electrochem. Soc.*, 119 (8) (1972) 1009.
J.P. Celis, J.R. Ross, C. Buelens, *J. Electrochem. Soc.*, 134 (6) (1987) 1402.
P.M. Vereecken, I. Shao, P.C. Searson, *J. Electrochem. Soc.*, *147 (7)* (2002) 2572.
P. Bercot, E. Pena-Munoz, J. Pagetti, *Surf. Coat. Technol.*, 157 (2002) 282.
M. Abe, Y. Shiohara, A. Okado, *Zinc-Based Steel Coatings Systems, The Minerals, Metals and Materials Society,* (1989) 171.
M. Abe, S. Hashimoto, T. Nishimura, Y. Shiohara, Automotive Corrosion and Prevention Conference and Exposition, SAE 932356 (1993).
S. Umio, K. Yamato, H. Kimura, T. Ichida, T. Irie, *Automotive Corrosion and Prevention Conference and Exposition,* SAE 892561 (1989).
A. Sakoda, N. Usuki, S. Wakano, S. Nishihara, *J. Surf. Finishing Soc.*, 40 (1989) 164.
S. Hoshimoto, K. Hirokawa, Y. Fukuda, K. Suzuki, T. Suzuki, N. Usuki, N. Gennai, S. Yoshida,
M. Koda, H. Sezaki, H. Horie, A. Tanaka, T. Ohtsubo, *Surf. Interface Anal.*, 18 (1992) 799.
A. Takahashi, Y. Miyoshi, T. Hada, *J. Electrochem. Soc.*, 141 (1994) 954.
D. Aslanidis, J. Fransaer, J.P. Celis, *J. Electrochem. Soc.*, 144 (1997) 2352.
A. Hovestad, R.J.C.H.L. Heesen, L.J.J. Janssen, *J. App. Electrochem*, 29 (1999) 331.
O.P. Modi, R.P.Yadav, D.P. Mondal, R. Dasgupta, S. Das, A.H. Yegneswaran, *J. Mater. Sci.*, 36 (2001) 1601.
B.K. Prasad, *Tribiology Letters,* 18 (2005) 135.
T.S. Catayag, *Mining. Eng.*, 35 (1983) 727.
S. Muthukumaraswamy, S.S. Sheshan, *Composites,* 26 (1995) 387.
T.S. Eyre, *Metals Handbook,* 10th ed., ASM, Materials Park, Ohio, USA, 18 (1992) 695.
E. Takeuchi, *Wear,* 19 (1972) 267.
B.K. Prasad, S. Das, *Mater. Sci. Eng. A.*, 144 (1991) 229.
P.K. Rohtagi, S. Ray, Y. Liu, *Inter. Mater. Rev.*, 37 (1992) 129.
Y. Liu, P.K. Rohtagi, S. Ray, *Metall. Trans. A.*, 24A (1993) 151.
C. Langlade, S. Fayculle, R. Olifer, *Wear.*, 172 (1994) 85.
A. Gomes, M.I. da Silva Pereira, M.H. Mendonça, F.M. Costa, *J. Solid State Electrochem,* 9 (2005) 190.
S. Jegannathan, T.N. Sankara Narayanan, K. Ravichandran, S. Rajeswari, *Surf. Coat. Technol.*, 200 (2006) 4117.

MIX
Papier aus verantwortungsvollen Quellen
Paper from responsible sources
FSC® C105338

Printed by Books on Demand GmbH, Norderstedt / Germany